3DEXPERIENCE 系列培训教程

3DEXPERIENCE WORKS
基础教程

主　编　安锐明

参　编　徐景礼　蔡呈祥　喻　飞

吴延弘　梁　露　徐寅飞

本书是3DEXPERIENCE WORKS的入门教程，重点介绍3DEXPERIENCE WORKS的相关基础知识。

本书兼有理论介绍和实际操作说明。通过阅读本书，读者不仅可以全面了解3DEXPERIENCE WORKS，还可以掌握3DEXPERIENCE WORKS的基本使用方法。本书同时包含视频，读者扫描书中的二维码即可观看。

本书针对的是使用SOLIDWORKS CAD的3DEXPERIENCE用户，包括桌面SOLIDWORKS和3DEXPERIENCE SOLIDWORKS。本书也可以作为其他3DEXPERIENCE用户的入门参考。另外，本书对关注3DEXPERIENCE平台、工程软件云端平台、SaaS（Software As A Services，软件即服务）的工程和专业技术人员也有参考价值。

图书在版编目（CIP）数据

3DEXPERIENCE WORKS 基础教程 / 安锐明主编 . —北京：机械工业出版社，2023.2

3DEXPERIENCE 系列培训教程

ISBN 978-7-111-72318-9

Ⅰ . ① 3…　Ⅱ . ①安…　Ⅲ . ①机械设计 – 计算机辅助设计 – 应用软件　Ⅳ . ① TH122

中国版本图书馆 CIP 数据核字（2022）第 252407 号

机械工业出版社（北京市百万庄大街 22 号　邮政编码 100037）

策划编辑：张雁茹　　　　责任编辑：张雁茹　关晓飞

责任校对：郑　婕　王明欣　封面设计：张　静

责任印制：郜　敏

三河市骏杰印刷有限公司印刷

2023 年 2 月第 1 版第 1 次印刷

184mm × 260mm ・ 9.75 印张 ・240 千字

标准书号：ISBN 978-7-111-72318-9

定价：49.80 元

电话服务	网络服务
客服电话：010-88361066	机　工　官　网：www.cmpbook.com
010-88379833	机　工　官　博：weibo.com/cmp1952
010-68326294	金　　书　　网：www.golden-book.com
封底无防伪标均为盗版	机工教育服务网：www.cmpedu.com

序

经过近30年的发展变迁，SOLIDWORKS软件的功能模块、覆盖领域不断增加，已从一款Wintel平台上的单一机械三维设计软件发展成为以SOLIDWORKS三维CAD为核心，覆盖机械设计、电气设计、验证与仿真、数字制造、数字质检、产品数字发布、数据管理及模型大数据的全数字化、综合性的桌面解决方案。30年来，基于3D的数字化技术不断升级迭代，尤其是在今天，云计算、大数据等技术日趋成熟，云端应用也越来越普及。市场环境及其需求也不断变化，除了软件的数字化功能，企业更加关注应用(App)的灵活性和弹性，以及企业内外部协作的即时性。

SOLIDWORKS的未来如何定义？下一步如何发展？如何将更多新技术带给多达600万的忠实用户？如何进一步满足几十万客户数字化转型的多样化需求？如何帮助客户创新以应对更大的挑战？如何为客户创造并提供更高价值？这些都是达索系统高层管理者一直在思考的战略问题。3DEXPERIENCE WORKS就是这些问题最好的答案！

3DEXPERIENCE平台是融合达索系统旗下所有品牌工业软件的功能模块，同时融入达索系统几十年服务各行业所积累的行业知识与专业经验，而形成的完全基于模型的全数字化平台，具有数字连续、数据驱动、单一数据源等特点。3DEXPERIENCE平台博大精深，覆盖广泛的领域，为各行各业的客户提供全面而完整的数字化转型解决方案。3DEXPERIENCE WORKS是3DEXPERIENCE平台的一个子集，专门面向主流制造业市场中的客户，抽取达索系统各品牌中最适合主流市场的重要解决方案，同时强化与SOLIDWORKS的连接与融合，从而形成完全基于云端的、SaaS（Software As A Service，软件即服务）模式的产品组合。

3DEXPERIENCE WORKS作为基于云计算、大数据技术的创新的产品研发平台，还具有快速部署、即时应用、灵活扩展的特点。我们相信，3DEXPERIENCE WORKS的应用，也必将给主流市场中的客户带来从研发管理到业务模式等多方面的连锁创新与变革，让企业运营更加快捷、高效！

本书旨在帮助读者打开3DEXPERIENCE平台的大门，深刻领会和理解代表当今先进理念与潮流技术的创新数字化平台的基本概念与基础框架，让读者从传统的桌面应用快速走进云端的协同，进一步适应和熟悉SaaS在工业上的真实落地与实践。希望3DEXPERIENCE平台能够早日成功应用于用户企业的日常运营及产品研发与管理中，助力企业的数字化转型，并助力企业在激烈的市场竞争中保持领先！

达索系统SOLIDWORKS大中国区技术总监　戴瑞华

关于本书

3DEXPERIENCE WORKS 包含五大领域，几百个应用，很难通过一本书进行全面讲解。本书作为 3DEXPERIENCE WORKS 的入门指引，将聚焦平台基础及 3 个核心角色——Collaborative Business Innovator（简写代码为 IFW-OC）、Collaborative Industry Innovator（简写代码为 CSV-OC）及 Collaborative Designer for SOLIDWORKS（简写代码为 UES-OC）。

3DEXPERIENCE 平台可以理解为人与人协作、数据与数据关联、人与数据互动的企业运营支撑平台。本书即参照这样的逻辑进行展开讲解。第 1 章是平台的介绍；第 2 章面向管理员；第 3 章强调人与人的协作，即连接人与人及想法；第 4 章关于数据，即连接数据；第 5 章是数据的管控，即连接人与数据；第 6 章是对平台中各个领域角色的概括介绍；第 7 章是前面 1~5 章内容的实际应用举例。

本书有多种阅读方式：可以按章节顺序阅读，逐步了解平台的相关信息；也可以先看第 7 章，通过第 7 章示例中的完整故事对平台有一个整体认识，再阅读 1~5 章。第 7 章中各节的划分与 1~5 章对应，因此，也可以将 1~5 章的内容与第 7 章示例结合起来阅读，即阅读第 1 章后，观看 7.1 节的内容，阅读第 2 章后，观看 7.2 节的内容，以此类推。由于第 2 章面向的是管理员，如果读者不是管理员，则可以跳过该章的学习。

本书作为平台的入门指引，不能代替平台的帮助文档。本书着重扫除读者开始接触、尝试使用平台时可能遇到的障碍，使 3DEXPERIENCE 之旅起步更加顺畅。同时，本书也可以让读者对平台有一个全面的认识，为后续深入应用打好基础！

作为云端平台，3DEXPERIENCE 每 2~3 个月就会进行一次更新，增加更多功能，让界面更加易用。本书主要基于 2022xGA 版本，部分章节基于 2022xFD02 版本，书中截图可能与读者使用的界面略有不同，但这不会影响对平台的理解和核心功能的掌握。

本书由多位编者合力完成。安锐明负责全书章节的总体构思和编排。第 1 章由徐景礼编写，安锐明提供支持；第 2 章由蔡呈祥编写，范炜提供支持；第 3 章由喻飞编写，卢芳提供支持；第 4 章由吴延弘编写，施克松提供支持；第 5 章由梁露编写，杨海峰提供支持；第 6 章由徐寅飞编写，郭健提供支持；第 7 章的应用示例由冯志文提出创意和故事框架，安锐明进行视频录制，施克松提供支持，梁露进行后期剪辑并形成文字；杨健对 1~6 章的内容进行了文字检查；全书由安锐明整合、完善，并对部分章节进行改写和调整。

这本书能够成功出版，体现了达索系统 SOLIDWORKS 社群的成功！没有整个社群的支持，就不会有这本书。感谢 SOLIDWORKS 社群的技术带头人，亚太区资深技术总监陈超祥先生和大中国区技术总监戴瑞华先生，感谢他们提出想法，并在整个创作过程中给予支持和肯定！

本书能够出版，特别还要感谢胡其登先生的支持与帮助！还有很多社群人员在图书的创作过程中给予了我们大量的支持与帮助，不再一一列出，在此一并表示感谢！

由于时间仓促，书中难免存在疏漏和不足之处，恳请广大读者批评和指正。

编　者

目 录

第 1 章

开始 3DEXPERIENCE 之旅

学习目标

1）了解 3DEXPERIENCE 与 3DEXPERIENCE WORKS 是什么。

2）了解 3DEXPERIENCE 的主要功能。

3）注册 3DEXPERIENCE 账号。

4）认识 3DEXPERIENCE 界面。

5）了解什么是角色与应用程序。

1.1 关于 3DEXPERIENCE

1.1.1 什么是 3DEXPERIENCE

3DEXPERIENCE 平台是一个协作环境，使企业和人员能够以全新的方式进行创新。它提供了企业业务活动的实时视图，将人员、创意和数据连点成线。3DEXPERIENCE 平台为不同行业提供了量身定制的行业解决方案，同时还是连接服务提供商和买方市场的商业平台。

3DEXPERIENCE 平台提供了一个不断扩展的互联工具组合，覆盖设计、生产、运营等产品生命周期的各个方面，可以满足企业不断扩展的业务需求。3DEXPERIENCE 也是一个单一数据来源的协作平台，让团队可以从任何地方安全地访问和共享数据，能够从任何设备实时协作，与客户和供应商建立联系，并跟踪进度，让企业可以为客户提供无与伦比的产品和体验。

3DEXPERIENCE 平台不仅消除了企业内部的数据孤岛问题，同时还解决了企业间的数据交流问题。在 3DEXPERIENCE 平台中，通过授权外部人员访问企业的平台，外部人员也可以访问已经授权的数据，真正实现上下游企业间的相互协同。

1.1.2 什么是 3DEXPERIENCE WORKS

3DEXPERIENCE 平台是达索系统 SOLIDWORKS、CATIA、SIMULIA、DELMIA、ENOVIA、3DEXCITE、NETVIBES、EXALEAD、GEOVIA、BIOVIA 等各品牌的融合，为企业提供了丰富多样的行业解决方案。

3DEXPERIENCE WORKS 是抽取 3DEXPERIENCE 平台中适合主流市场客户的各品牌主要应用，并突出 SOLIDWORKS 应用特点而形成的云端产品组合。3DEXPERIENCE WORKS 以三维数据为基础，提供了一个涵盖设计与工程、仿真、制造与生产、营销与销售、数据治理（管理）五大领域的工业解决方案。

3DEXPERIENCE WORKS 不仅是适应新技术发展、融入社交协作的面向主流市场客户的全新解决方案，更是对原有 SOLIDWORKS 桌面方案的扩充，让主流市场客户也能方便地应用达索系统其他品牌中的行业工具。

> 说明：以下除特别说明外，3DEXPERIENCE 平台、3DEXPERIENCE 或平台均特指 3DEXPERIENCE WORKS 云端产品组合。

1.1.3 3DEXPERIENCE 功能简介

3DEXPERIENCE 是综合的业务体验平台，为企业各个部门提供了单一的解决方案。从市场到销售，再到工程，3DEXPERIENCE 平台能够在整个价值链中，帮助我们创造差异化的客户体验。

1. 设计与工程

工程师和设计师可以通过 3DEXPERIENCE 平台轻松实现产品的三维设计并共享设计，同时关键利益相关者（包括非工程师）可以在产品开发各阶段提供反馈，以帮助减少下游延迟。

在此部分，平台不仅提供了纯网页端的应用程序（在浏览器中即可运行的工具），还有融入平台中的 SOLIDWORKS CAD，更有来自 CATIA 品牌的行业工具。这一系列功能强大的工具可以帮助我们更快、更高效地完成项目。

2. 仿真

仿真可帮助我们以数字化手段验证设计，从而在开发过程的各个阶段深入了解产品的性能、可靠性和安全性。

平台中的仿真应用程序来自 SIMULIA 品牌，具有结构、运动、流体、电磁和注塑等多学科、多物理场的仿真能力，并实现了设计和仿真的完全集成。作为从云端启动的仿真应用程序，平台中的仿真可利用云端计算资源来解算问题，减少对本地硬件资源的依赖，让更多用户都可以享受到虚拟测试带来的好处。

3. 制造与生产

平台极大简化了部门之间的沟通，可以帮助企业尽早识别和减少从设计到制造这一过程中的任何可制造性错误，加快产品从设计发布到生产的进程。

平台中的制造相关应用程序来自 DELMIA 品牌，并包含 CAM、协作、管理等多种应用。

4. 营销与销售

平台让销售和营销团队可以与设计人员充分协同工作，在产品的设计阶段，即创建出逼真的图片和内容，尽早开始产品的宣传与推广。

平台中的营销与销售相关应用程序来自 3DEXCITE 品牌，主要包含渲染、展示文档制作等应用。

5. 数据治理（管理）

数据治理已经融入平台中，与协作共同构成平台的两大基石。当我们创建的数据存入平台，平台即将自动启用版本控制、成熟度、权限管理等。平台为产品相关人员提供了单一的数据来源，实现了数据驱动的决策，并消除了模型修订或装配体配置不同步等风险。

平台中的相关应用程序来自 ENOVIA 及 NETVIBES 等品牌，除核心数据管理外，还包括市场信息跟踪、项目管理、产品结构规划和发布等应用。

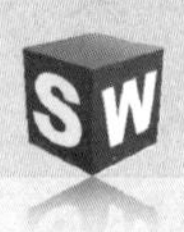

1.1.4　3DEXPERIENCE 的优势

平台作为继承已有 SOLIDWORKS 解决方案的优点、同时适应新技术发展趋势而形成的创新解决方案，具有如下突出的特点：

1）快速交付，易于安装。3DEXPERIENCE 采用基于网页的登录方式，其中网页形式的应用可通过不同类型的终端设备进行访问。对于需要本地安装的应用程序，也可以通过单击网页中的图标来启动或安装，并实时使用最新版，无须担心版本等问题。

2）配置灵活，按需定制，适用于不同规模的企业。3DEXPERIENCE 独特的角色配置形式，可根据登录人员的角色定位，提供不同的应用程序，以满足对应人员的工作需求。随着企业的发展，当企业建立更多部门或需要更多领域功能时，仅需添加所需角色即可，实现即时使用、灵活配置。当对特殊功能有临时需求时，也可短期增加角色，以满足项目需求。（本章 1.3.3 节将对平台中的“角色”概念进行更详细的介绍。）

3）版本即时更新。应用始终为最新版本，让企业保持技术应用的领先性，同时保证平台中用户数据的一致性，避免版本造成的数据交换问题。

4）与 SOLIDWORKS CAD 完美融合。工程师所熟悉的 3D CAD SOLIDWORKS 已与平台完全融合，并可以协同工作。因此，SOLIDWORKS 用户可以利用平台所提供的产品生命周期管理相关应用程序，无缝地进行产品规划、开发和发布。

5）单一数据源。从设计到仿真，从设计到制造，平台中所有数据都可以在云端统一管理，实现了基于单一数据来源的实时协作，让所有人员都可访问到最新版本的数据。

6）数据云端保存。从本地到云端，企业无需高昂的硬件及人员投入即可获得专业的、安全的数据存储服务，保障企业数据安全。

7）跨地域的协同。作为云端平台，3DEXPERIENCE 完全支持多地点的协作，无论是几人的小团队，还是百人以上的大中型企业，都可以快速获得跨区域的多地点产品协同开发能力。

1.2　进入 3DEXPERIENCE

在正式进入 3DEXPERIENCE 平台之前，建议用户先到下述网址下载“测试兼容性”工具，以便测试我们的硬件及软件环境是否能够稳定、流畅地运行 3DEXPERIENCE。

https://www.3ds.com/zh/support/3dexperience-platform-on-cloud-support/eligibility/

该工具的运行界面如图 1-1 所示。该工具将从硬件、操作系统、浏览器、网络环境等多方面对我们的系统进行检测并给出建议。

如果我们需要安装运行 3DEXPERIENCE 的本地应用，相应 Java 环境需满足要求（从 2022xFD04 开始，SOLIDWORKS 相关应用不再需要 Java 环境），否则我们将收到图 1-2 所示的提示。

3D
V.R
3DEXPERIENCE
Checking if this Environment is Cloud Ready

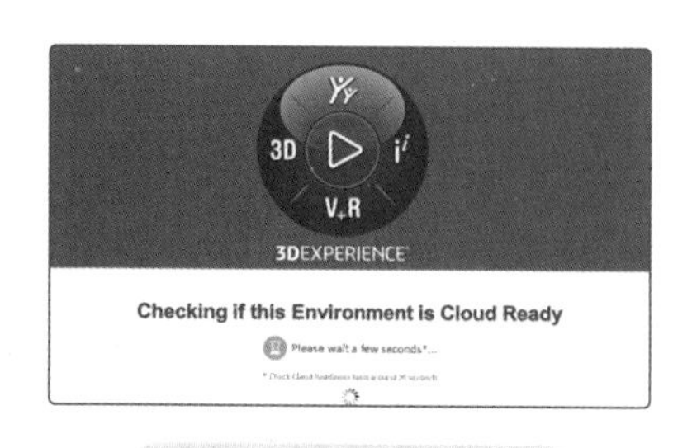

图 1-1　环境检查工具

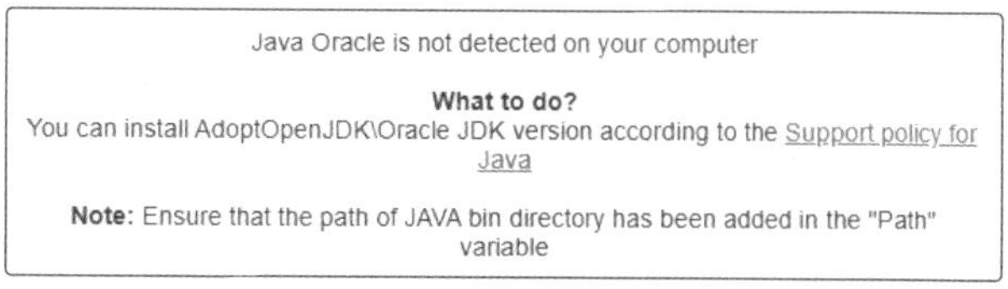

Java Oracle is not detected on your computer
What to do?
You can install AdoptOpenJDK\Oracle JDK version according to the Support policy for Java
Note: Ensure that the path of JAVA bin directory has been added in the "Path" variable

图 1-2　Java 环境检测

1.2.1 注册 3DEXPERIENCE 账号

用户可在浏览器中输入以下网址：https://eu1-ifwe.3dexperience.3ds.com/。

而后我们将进入 3DEXPERIENCE 的登录界面（见图 1-3）。单击界面中的“创建您的 3DEXPERIENCE ID”来创建一个新的 3DEXPERIENCE 账号。

图 1-3 登录界面

注册账号所需信息共包含以下各项：

1）电子邮箱地址：可作为平台登录信息来使用，同时也是他人邀请我们进入某站点时的必要信息。

2）用户名：属于我们的个人标识，在平台内具有唯一性，注册后不可更改。

提 示

电子邮箱地址在我们登录后的个人信息中是可以更改的，建议使用当前所在企业的企业邮箱；一旦加入企业后，管理员可通过电子邮箱地址或用户名来对我们进行一系列邀请与管理工作。

3）名、姓：建议输入我们的真实姓名，以便其他同事更快地认识和查询到我们。

创建符合平台要求的密码，并选择我们所在的国家或地区，勾选“我同意隐私政策条款”等，然后单击“注册”，完成账号注册。

此时，我们已经拥有了一个 3DEXPERIENCE 平台账号，但暂时还不属于任何站点。

提 示

平台与站点的概念在 3DEXPERIENCE 中非常重要，我们将在下一小节详细介绍。

如果是 SOLIDWORKS 用户，且已经在 SOLIDWORKS 网站注册过 SOLIDWORKS ID，那我们也可以直接使用 SOLIDWORKS ID 来登录平台。同时，该账号也可用于登录达索系统官方网站及达索系统为用户提供的讨论区等公共资源。

1.2.2 3DEXPERIENCE 平台与站点

3DEXPERIENCE 平台一般泛指整个平台，站点代表平台中某一个具体企业访问的环境。每家企业都有自己的站点。我们所注册的 3DEXPERIENCE 账号可用于整个平台的登录，具体可访问的站点及应用程序，取决于我们被邀请进入了哪些站点，以及被分配了哪些角色。

为了方便读者理解平台、站点及账号等概念，以下把 3DEXPERIENCE 平台比喻为一个“科技园区”来进行类比说明。

我们注册的账号就是进入这个“科技园区”的“通行证”或“门禁卡”，“科技园区”中入

驻的每一家企业都将租用到一个独立的“房间”，即平台中的站点。

类似“科技园区”内“房间”的唯一编号，每一个站点都有自己唯一的站点 ID，通过该站点 ID 即可找到并访问该站点。在接受某站点管理员发出的邀请后，我们的“门禁卡”将获得进入相应“房间”的授权，即通过我们的注册账号就可以登入该站点。再通过站点管理员赋予我们的“角色”，我们就可以使用“房间”内的不同设施（应用程序）来开展相应的工作。

作为“科技园区”中的一员，根据企业的业务需求，一个成员可以同时获得多个不同站点的管理员的邀请，可进入多个“房间”（访问多个站点），从而方便地实现跨企业的协作，进而构建起上下游企业间的协同体系，形成不同于传统的全新协同模式。

说明：由于本书内容不涉及平台中的多站点协同，因此除非特别说明，本书中站点均指用户访问的某一个特定站点。另外，在本书中，平台用于描述 3DEXPERIENCE 的概念、特点或一般性介绍，站点用于描述具体使用场景等。

1.2.3　进入 3DEXPERIENCE 站点

如果您是贵公司所指定的第一位站点管理员，将会收到图 1-4 所示的邮件。

DASSAULT SYSTEMES

Dear ,

Your 3DEXPERIENCE Platform from Dassault Systèmes ( ) is now ready to use.

The following steps should be performed only by the person who will be acting as the Administrator of the Platform. If you are not the Administrator, please forward this email to the person who is.

BEFORE YOU BEGIN

- Internet Explorer 11 must be installed on your computer.
- In addition to Internet Explorer, you can also use Mozilla Firefox 38 ESR and Google Chrome as your browser.
- The 32-bit version of the Java 8 (update 51 or higher) must be installed on your computer.
  To ensure successful setup, use this link to install Java: http://www.3ds.com/java8

If you need help or guidance you can also visit the 3DEXPERIENCE Platform Cloud OnBoarding page to get Documentation, Online Support, and Getting Started Guides.

GETTING STARTED WITH YOUR 3DEXPERIENCE PLATFORM

1. **Access**
Before proceeding; please make sure you're willing to become the Administrator of your 3DEXPERIENCE Platform, which means you will be using a purchased license. Otherwise, please forward this email to the right person since the link below cannot be used again after the first registration.

Click here to become the first licensed user of your 3DEXPERIENCE Platform and the Administrator.

If you encounter any problems during the registration phase, please start over by Copying & Pasting the link below into your web browser:
https://r1132101115741-aph7-ifwe.3dexperience.cn:443/#myapps:LThimvwq_p6i7j9_6IjOkGFBkiZ9iuknTwfYiGCtTxwzJFAwkoN0yKS1wJxCTPFS

2. **Sign in**
The 3DEXPERIENCE Platform, requires a DS Passport account. You will be asked to create one or sign in with the one you already have.

3. **Invite and Grant Roles**
You will access the Platform Management dashboard, where you can invite other users to the platform and grant access to the Roles and Apps for the needs of each user. You will also receive another email with a reusable link to the 3DDashboard, this is your door to the 3DEXPERIENCE Platform and your Apps.

Best Regards,
Dassault Systèmes
www.3ds.com

图 1-4　第一位站点管理员将收到的邮件

单击邮件中的链接将打开站点的登录界面，使用之前注册成功的账号登录站点，您将成为公司站点的第一位管理员。如果您不想成为公司站点的第一位管理员，可将该邮件转发给相关人员。

当公司站点由第一位管理员激活后，后续人员将由管理员邀请加入，作为被邀请人员将收到图 1-5 所示的邮件。被邀请人员单击邮件中的链接，将打开站点登录界面，输入已经注册好的账号，即可登入站点。邀请人员加入站点的方法，请详见本书第 2 章。

3DEXPERIENCE platform
邀请

您好，

邀请您加入 Dassault Systèmes **3D**EXPERIENCE Platform

重要说明：您只有通过使用接收此电子邮件的电子邮件地址登录才能接受此邀请。

启动您的 3DEXPERIENCE Platform

开始使用
登录后，您将进入 3DDashboard 应用程序，它是通向 **3D**EXPERIENCE Platform 和应用程序的大门。您可以通过屏幕左上角的 Compass 图标访问和安装您的应用程序（如有必要）。登录后您将收到另一封具有可重复使用的 3DDashboard 应用程序链接的电子邮件。我们建议您在浏览器上为此链接添加书签。

*如需帮助或指导，您也可访问 **3D**EXPERIENCE Platform Cloud OnBoarding 页面以获取文档、在线支持和入门指南。*

谢谢，
Dassault Systèmes

图 1-5 用户邀请邮件

提示

基于 3DEXPERIENCE 的平台特性，网址会出现不同的形式。对于商业用户，网址类似下面的形式：

https://r××××××××××××××-apc2-ifwe.3dexperience.cn/

其中，× 为数字，它们的组合代表我们要访问站点的 ID。

1.3 3DEXPERIENCE 用户环境

1.3.1 3DEXPERIENCE 用户界面

当我们第一次登录到平台，在主界面之上，首先展现的是平台的指引界面，如图 1-6 所示。作为一个入门指引，该界面由四个页面组成，分别为我们介绍了 3D 罗盘及界面工具条的组成等，接下来将对此进行详细介绍。

在关闭指引界面前，我们可以勾选“不在启动时显示”复选框来彻底关闭指引界面。

提示

指引界面可在“帮助”/“入门”中再次调出。

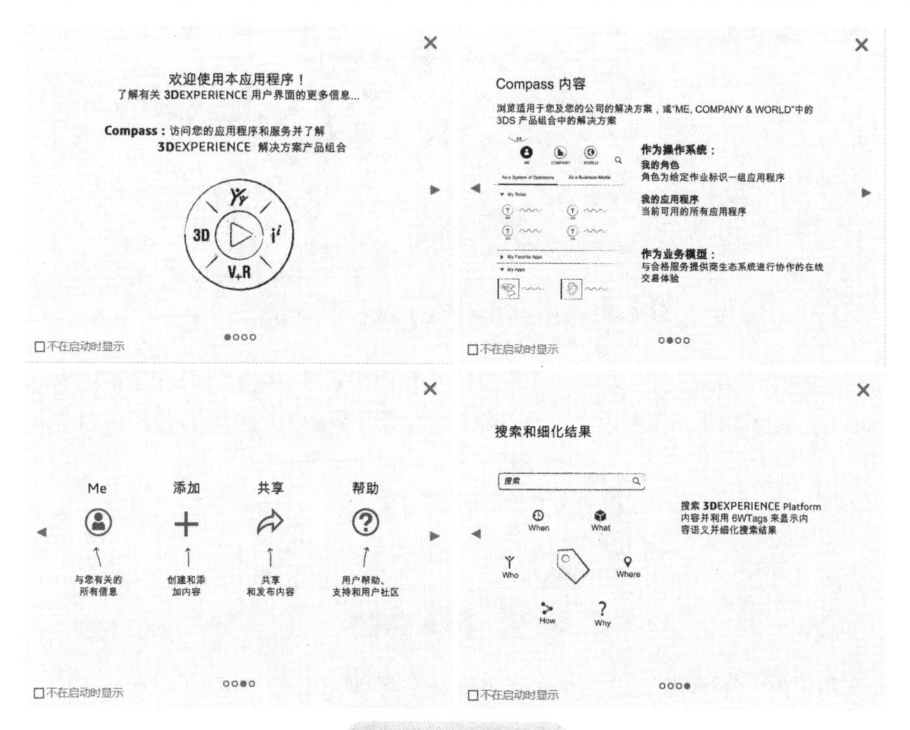

图 1-6 指引界面

作为一个新用户，登录平台后首先看到的是名为“My First Dashboard”的仪表板（本书第 3 章将详细介绍仪表板），该仪表板中包含“Getting Started”和“Learn the Experience”两个默认的选项卡，如图 1-7 和图 1-8 所示。通过这两个选项卡，我们可以了解平台的基础功能和使用方法等。

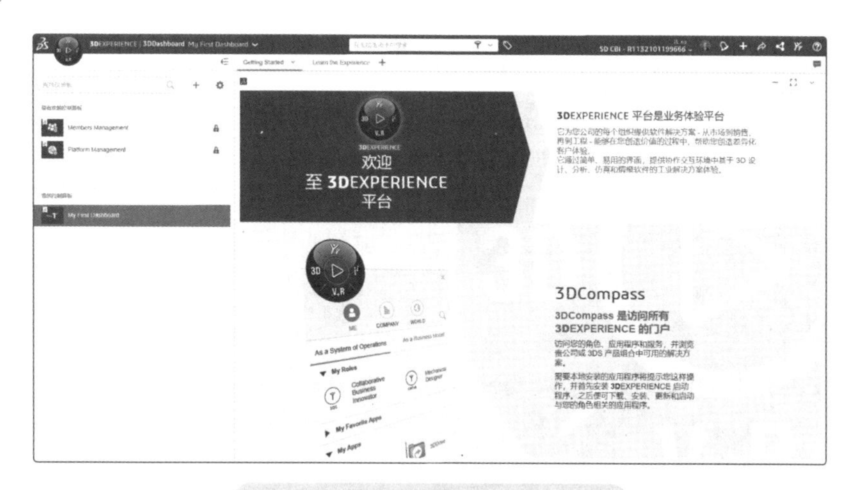

图 1-7 “Getting Started”选项卡

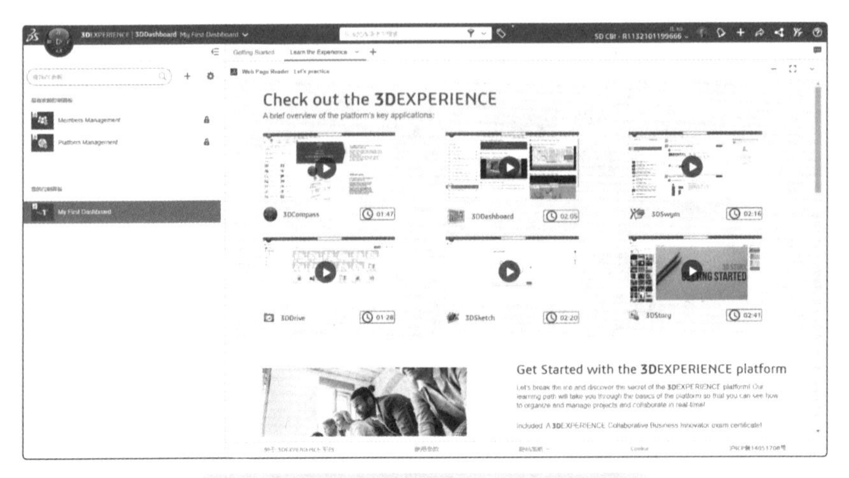

图 1-8 “Learn the Experience”选项卡

如果我们是站点的管理员，我们的仪表板选择界面中还将出现“Members Management”及“Platform Management”两个仪表板，如图 1-9 所示。普通用户无法访问这两个仪表板。

图 1-9 管理员仪表板

接下来我们了解一下界面组成。首先，来看一下界面左上角（见图 1-10）。

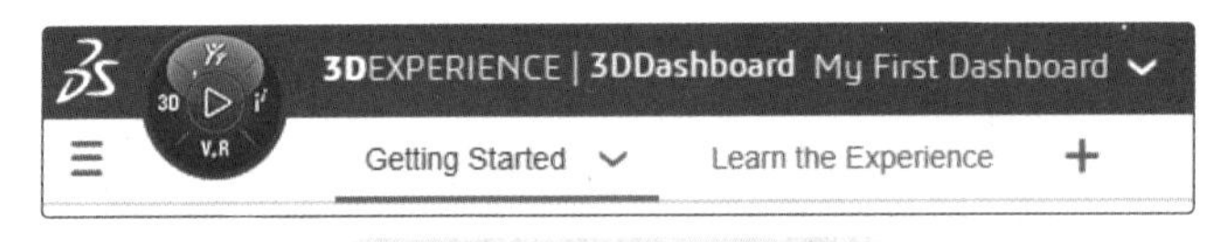

图 1-10 仪表板与选项卡

1）☰ 为仪表板列表箭头，用于展开与关闭仪表板列表界面，以方便在不同仪表板间进行切换。

2）为 3D 罗盘，是访问所有 3DEXPERIENCE 应用程序的门户。

3）**3DEXPERIENCE | 3DDashboard** 后的“My First Dashboard”为当前仪表板的名称。

4）“Getting Started”和“Learn the Experience”是当前仪表板中的选项卡，我们可在其中进行切换。

5）+ 为选项卡添加按钮，用于为当前仪表板添加新的选项卡。

提示

仪表板及选项卡名称右侧的下拉按钮，是调取相应菜单的按钮。平台中其他地方的下拉按钮都有类似作用。此处，我们单击下拉按钮，可以对该仪表板或选项卡进行管理设置，如进行“共享”“编辑”“重命名”等操作。

接下来看下右上角（见图 1-11）。

图 1-11　个人信息与工具条

1）“Ben BUSINESS”为当前用户的姓名，此处显示的是注册时填写的姓名，可以随时在个人资料中进行修改。图 1-11 所示的用户仅可以访问一个站点。如果用户可以访问多个站点，在此可以切换不同站点。

2）为当前用户的头像，也可以随时在个人资料中进行修改，详情见 1.3.2 节。

3）为通知，可显示我们新收到的信息，数字表示新消息的数量。如有新消息，请及时查看，以免错过重要的工作安排。第 3 章中将详细介绍通知的设置。

4）为添加，用于添加新的仪表板、选项卡等。

5）为共享，可将我们的仪表板和选项卡分享给其他同事。

6）为内容，可快速访问我们在云端 3DDrive 中的内容，详见第 3 章。

7）为社区，可快速访问我们所在的社区及私人对话。

8）为帮助，可获取 3DEXPERIENCE 相应的帮助。

9）为仪表板备注，仪表板成员可以在此针对仪表板进行沟通、讨论。

界面上方中间是平台中非常重要的工具之一——搜索（见图 1-12），在这里可以对当前平台中的内容进行查找。

平台通过 6WTags（见图 1-13）对搜索结果进行管理与进一步筛选，以便精准定位到我们所需的内容。

图 1-12　搜索工具

图 1-13　6WTags

1.3.2　设置个人信息

单击头像将出现图 1-14 所示的菜单，单击“注销”将注销当前用户返回登录界面。通过其他命令，可以设置相关个人信息。

“我的状态”将显示我们的在线情况（见图 1-15），其他用户可以据此了解我们的状态，默认为“在线”状态。

图 1-14　个人信息设置菜单

图 1-15　我的状态

“Cookie”可调出浏览器 Cookie 的协议并对其进行管理。

“我的资料文件”即个人的信息，可以在此页面对我们的个人资料进行完善，如图 1-16 所示。在页面最上方，通过单击头像中的 可定制个性化头像（头像是与站点相关的）。单击 ID 旁边的 可对我们注册时填写的姓名进行修改，姓名旁边是注册时填写的用户名，用户名不可修改。

图 1-16　我的资料文件

在“概述”选项卡中，单击“添加摘要”可以填写简短的个人简介。“邮件”旁边的 用于修改我们注册时所填写的电子邮箱地址，以便他人通过新邮件邀请我们到其站点中。在“概述”选项卡下还将显示我们近期在平台上发布的相关信息，作为刚登入的新用户，目前相关内容还是空白的。

“关于”选项卡如图 1-17 所示，我们可以根据个人情况填写教育经历、技能、兴趣爱好等相关信息，伴随这些信息的录入，我们的资料完成度也会增加。

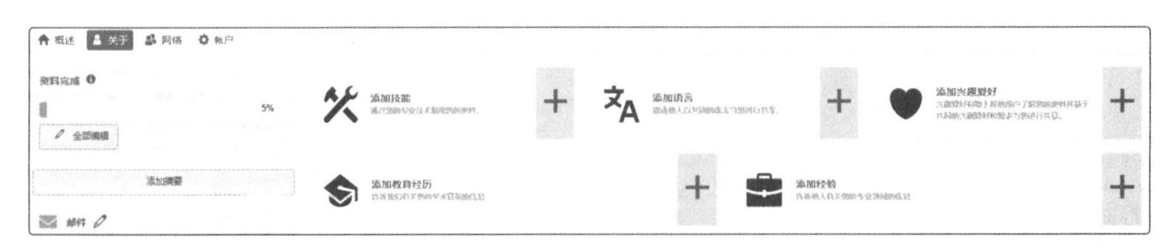

图 1-17　完善个人信息

“网络”选项卡下的内容与其他社交账号类似，将有我们可能认识的人被推送到这里，我

们也可以通过电子邮箱地址添加我们想添加的人员为我们的好友。

在“账户”选项卡中，可对我们的个人隐私选项进行设置，以更改我们的个人信息是否展示给我们的好友等，如图 1-18 所示；在该页面下的“管理我的安全设置”（见图 1-19）中可以更新密码，或设置“2 因素身份验证”，更新电子邮箱地址后也可通过此处的“发送验证电子邮件”进行账号确认。

图 1-18　信息可见性

图 1-19　2 因素身份验证

提示

2 因素身份验证又叫双因素认证，通常使用该手段后，我们登录账号将不仅仅需要输入账号和密码，还将需要另一种手段，如动态令牌的方式验证“我们”的准确身份，避免账号被他人盗用，增强安全性。通过添加我们信任的设备，首次 2 因素身份验证后，以后在该设备上登录可以仅使用账号和密码。

在“首选项”（Preferences）中可以选择界面语言和云应用程序中鼠标的控制习惯，如图 1-20 所示。对于 SOLIDWORKS 老用户，可以选择 SOLIDWORKS 控制模式，新用户可保持 3DEXPERIENCE 默认设置。

a）语言

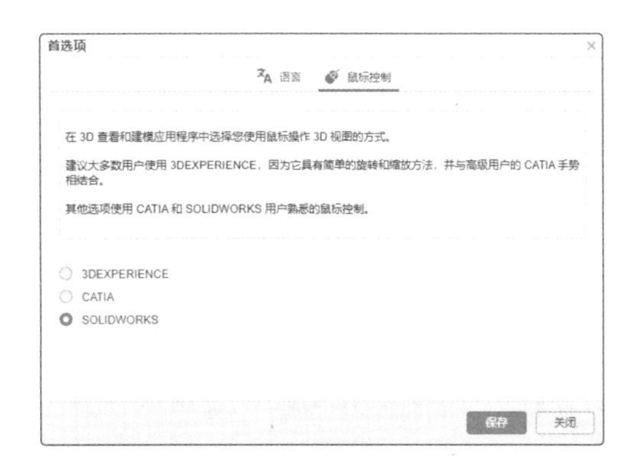

b）鼠标控制

图 1-20　“首选项”页面

1.3.3 角色与应用程序

3DEXPERIENCE 的应用是通过“角色”进行组织的。每一位进入平台的人员被赋予不同的角色，该角色下包含了完成工作所需的各类型应用程序。“Collaborative Business Innovator”㊀（见图 1-21）是进入平台必需的基础角色，每个被邀请进入平台的人员都将默认被赋予该角色。

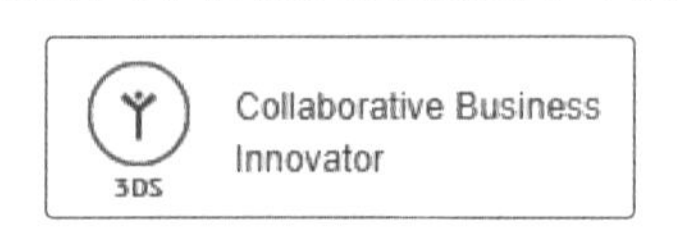

图 1-21　基础角色

提示

不考虑跨站点协同，一个站点内 Collaborative Business Innovator 角色的许可数量，即决定了该站点可邀请用户的最大数量。

通过 3D 罗盘（3D Compass）（见图 1-22），我们可以访问我们的角色、应用程序和服务，并浏览公司或平台完整产品组合中可用的角色。

单击 3D 罗盘之后，将展开角色与应用程序界面，该界面由三个选项卡组成。

最上方的“ME”“COMPANY”和“WORLD”三个选项卡（见图 1-23），分别对应自己有权使用的角色和应用，公司拥有但自己没有被赋予的角色列表，以及可以进一步了解 3DEXPERIENCE 的介绍资料。通过单击🔍图标，可以对相应选项卡下的内容进行搜索。单击⚙可以更改图标的展示形式。

图 1-22　3D 罗盘

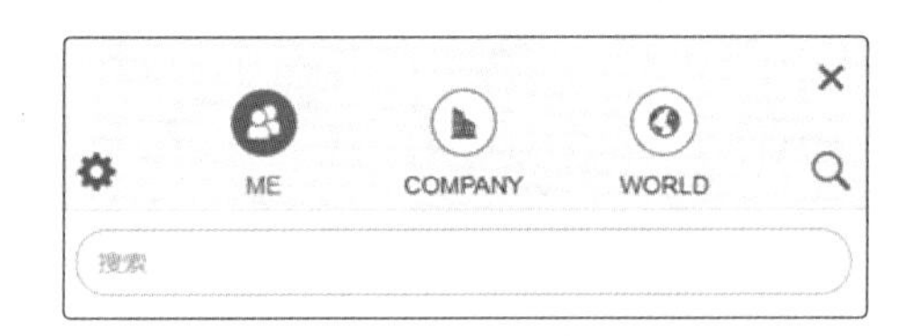

图 1-23　选项卡与搜索框

在“ME”选项卡中，可以看到“我的角色”“我的收藏夹应用程序”和“我的应用程序”。

在“我的角色”下，可以看到当前被赋予的角色（见图 1-24），单击对应角色可以看到该角色下能够使用的应用程序（见图 1-25）。

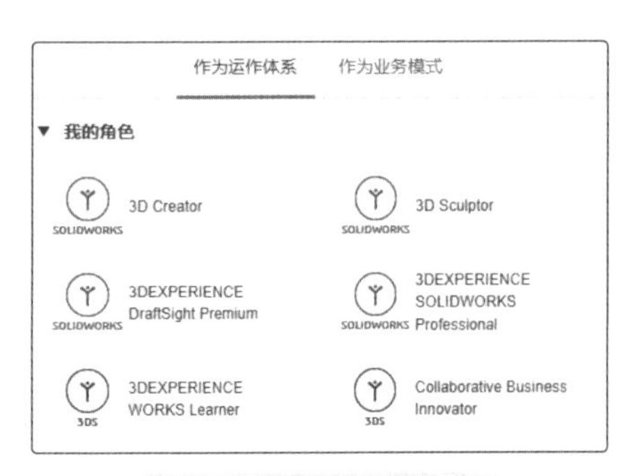

图 1-24　我的角色示例

图 1-25　应用程序示例

㊀ 从 2023xGA 开始，Collaborative Business Innovator 更名为 3DSwymer，简写代码不变，仍为 IFW-OC。——编者注

“我的收藏夹应用程序”下可放置我们常用的应用程序（见图 1-26），可以通过直接拖放应用程序图标到该栏来添加应用程序。

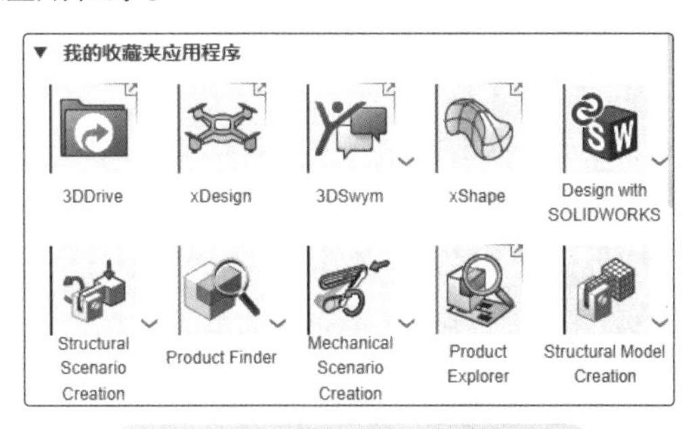

图 1-26　我的收藏夹应用程序

“我的应用程序”下列出了我们能够使用的所有应用程序（见图 1-27）。如果我们拥有多个角色，可以通过上方的搜索功能精确找到要启动的应用程序。

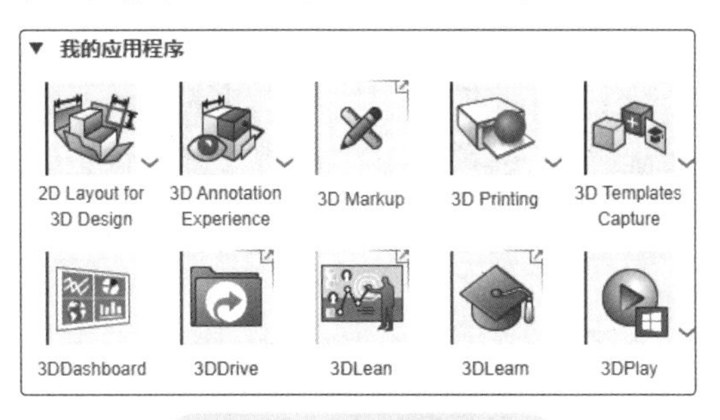

图 1-27　我的应用程序

提示

角色下所包含的各种应用程序，根据其运行形式，可分为“网页应用”“本地应用”及“仪表板应用”三种（详细介绍见第 3 章）。

在“COMPANY”选项卡中可以看到公司拥有但并没有赋予我们的角色列表（见图 1-28）。如果公司允许，我们可以在此处单击对应角色后，向管理员申请使用该角色（见图 1-29）。

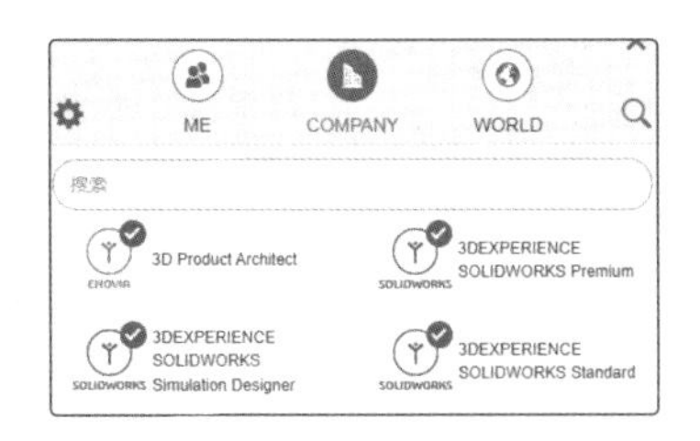

图 1-28　公司其他角色

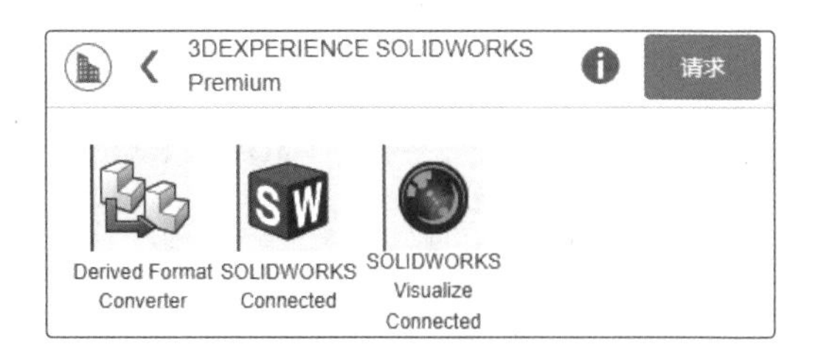

图 1-29　角色申请

“WORLD”选项卡中提供了更多 3DEXPERIENCE 相关资料（见图 1-30），我们可以单击相关主题进行深入了解，从而以更短的时间深入 3DEXPERIENCE 的角色和应用中。

作为运作体系 作为业务模式

3DEXPERIENCE Collaborative Innovation

3DEXPERIENCE Works

3DEXPERIENCE Industries

3DEXPERIENCE Life Sciences & Healthcare

3DEXPERIENCE Edu

a）作为运作体系

b）作为业务模式

图 1-30 “WORLD”选项卡

提示

“作为运作体系”与“作为业务模式”

在“ME”与“WORLD”选项卡下都拥有“作为运作体系”与“作为业务模式”两个子选项卡。“作为运作体系”专注于企业内部应用，访问企业内部可用角色，以及在平台上寻找更多应用方案。“作为业务模式”则是从企业上下游或更广的范围着手，让企业在平台中更方便地寻找合作伙伴或相关信息，以创建完善的生态环境。

1.4 总结

通过本章的学习，我们对3DEXPERIENCE有了一个初步的认识，并成功注册了3DEXPERIENCE账号。被邀请进入站点后，我们熟悉了3DEXPERIENCE界面的布局，这为接下来的学习与使用打好了基础，我们的3DEXPERIENCE之旅也已正式开启！

扫码看视频

第2章 驾驭平台

2

学习目标

1）了解站点管理员的定义与作用。

2）了解站点管理员的仪表板。

3）掌握站点管理员的核心操作，包括用户管理、社区管理、内容管理等。

站点管理员（下文简称管理员）作为站点的第一位用户，承担着邀请后续用户进入站点的职责，并承担着配置站点、使站点符合企业需求这一职责。

2.1 管理员准备

2.1.1 管理员的定义

管理员是由企业自身确定的内部人员，将在平台部署和运维过程中发挥关键作用，并全面推动平台在企业内的应用。

通常，企业内的资深工程师或部门主管应该承担管理员的职责，因为管理员需满足以下要求：

1）理解公司的业务流程。

2）理解公司的研发设计流程，特别是其 CAD 产品数据以及这些数据在公司的使用、管理方式。

3）了解公司的常规工作，包括安装软件、操作系统等，以及创建用户、组和分配权限等。

管理员拥有其他用户所不具备的特殊管理权限。如第 1 章所述，单击激活邮件中的链接并且激活站点的人，将成为站点的第一位管理员。管理员可以邀请其他成员进入站点，并且可以将其他成员设置为管理员。

提示

站点可以同时拥有多位管理员，所有管理员的权限都一样，与进入站点的先后顺序没有关系。

2.1.2 管理员界面

管理员界面与用户界面的主要区别在于其仪表板列表中增加了“Platform Management”仪表板。通过访问“Platform Management”仪表板，管理员可以按需完成一系列的管理设定与操作。单击“控制面板列表”图标☰（见图 2-1），而后访问“Platform Management”仪表板（见图 2-2）。

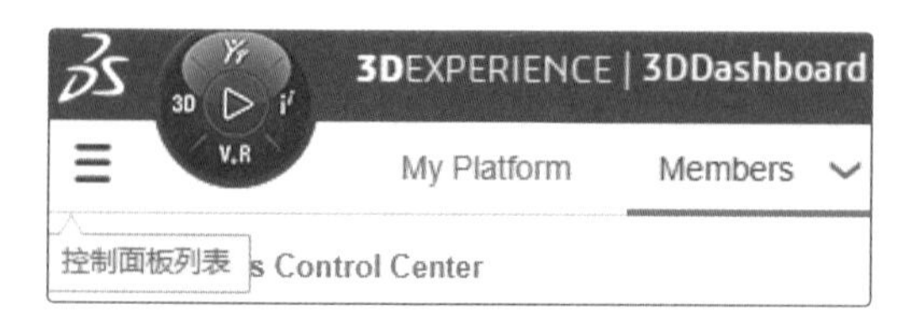

图 2-1 “控制面板列表”图标

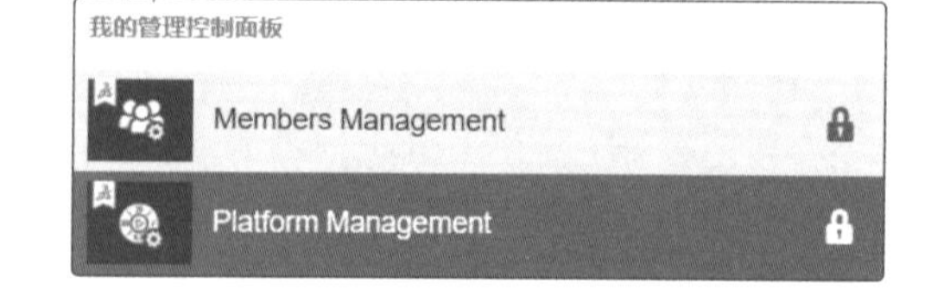

图 2-2 “Platform Management”仪表板

“Platform Management”仪表板中包含了 9 个选项卡（见图 2-3），单击选项卡可以进行选项卡切换。下面介绍“Platform Management”仪表板的各选项卡。

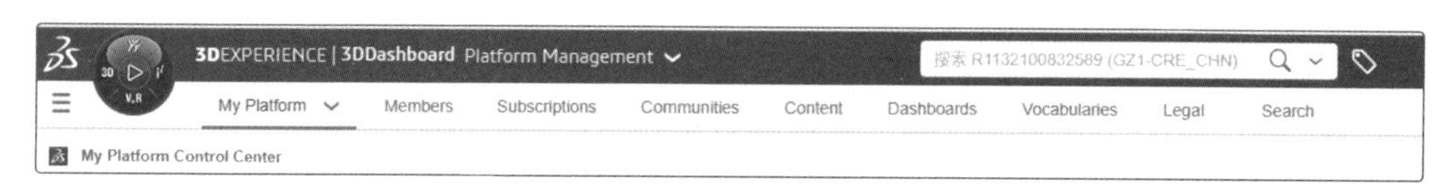

图 2-3 “Platform Management”仪表板的选项卡

1）My Platform：站点基本信息概览，如站点 ID、成员与角色数量、存储容量等。

2）Members：站点成员管理，如邀请成员、分配权限、分配应用程序等。

3）Subscriptions：平台预留页面。

4）Communities：社区管理，如社区的创建和维护、社区对应的成员、可见性管理等。

5）Content：内容管理，如合作区（Collaborative Space）的创建与维护管理、合作区对应的配置（Configuration）管理等。

6）Dashboards：仪表板管理，如设置初始仪表板、分配角色与对应仪表板关系等。

7）Vocabularies：词汇表管理，可导入词汇表进行管理。

8）Legal：设置法规政策与管理数据隐私。

9）Search：搜索设置，如结果视图样式、搜索结果阈值、6WTags、高级搜索设定等。

现在我们已经认识了何为管理员，在接下来的章节中，我们将具体学习管理员需要掌握的一系列核心操作，主要包括站点基本管理、用户管理、社区管理、内容管理等。

以上核心操作涉及的选项卡包括 My Platform、Members、Communities 及 Content。其他选项卡一般采用默认设置。

2.2 我的站点

“My Platform”（我的平台）选项卡提供管理员对以下部分的访问：站点选择、站点 ID、站点用户数量、角色使用等基础信息。我们先从站点选择与站点 ID 开始学习。

2.2.1 站点名称与站点 ID

在“欢迎使用您的平台”下方，显示着当前所选站点的站点名称。初始的站点名称是站点的 ID（见图 2-4）。站点 ID 为“R”+13 位连续数字，是站点的唯一标识。

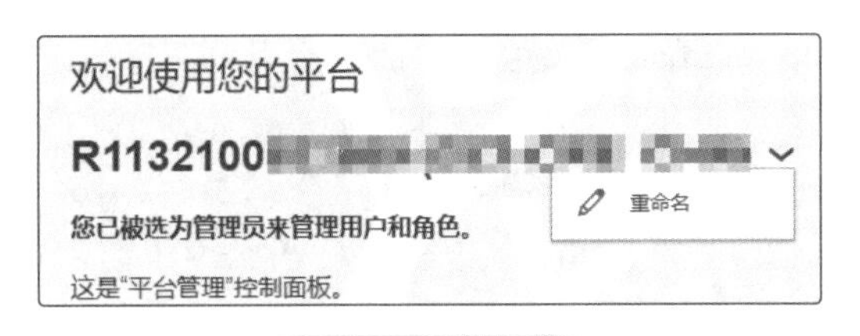

图 2-4　站点 ID

站点名称可以被重命名，操作方式为单击站点名称右侧的下拉按钮，选择“重命名”（见图 2-4），修改完名称后单击“保存”（见图 2-5），即可对站点进行重命名来满足我们的需要。

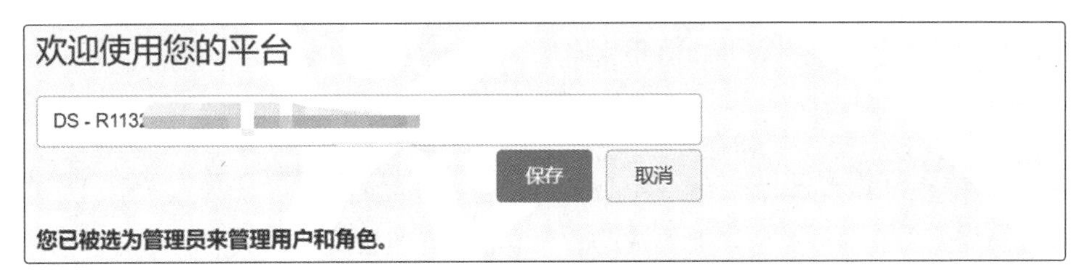

图 2-5　保存重命名

提示

一般来说，建议管理员对其站点名称进行重命名，在保留原有 ID 的情况下增加说明，从而使得用户能够更好地识别当前站点，尤其是当用户有多个站点的情况下。

重命名范例：DS-R××××××××××××××（“R”后为公司英文简称）。

2.2.2　基本信息概述

“My Platform”选项卡中列出了当前站点的基本信息，主要包括成员、角色、未决请求及存储 4 个部分（见图 2-6）。

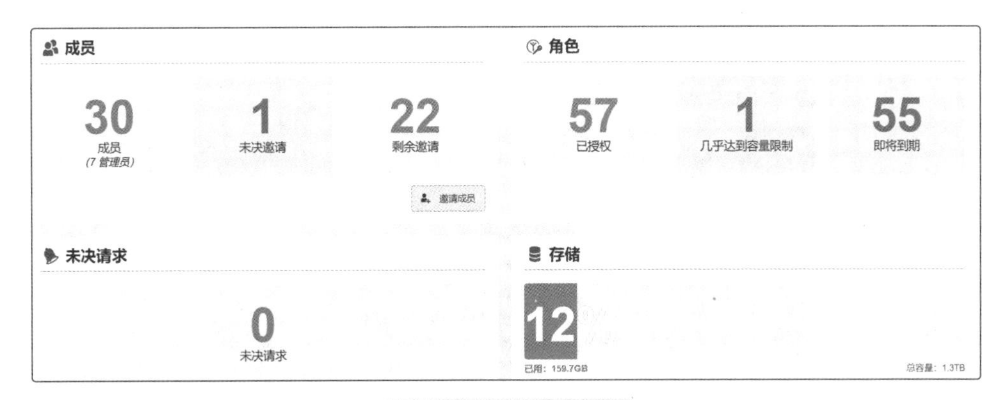

图 2-6　基本信息界面

1）成员：这里按权限类型（包括管理员）列出了站点用户的数量、待接受的邀请，以及仍可发出的邀请数量。单击“邀请成员”可以邀请新的用户。有关邀请用户的具体操作请参见2.3节。

2）角色：显示与角色使用和有效性相关的信息。“已授权”列出了已授予用户的角色数量，单击此区域将在“Members Control Center”中查看这些已授予的角色。“几乎达到容量限制”列出了几乎分配完的角色数，单击此区域将在“Members Control Center”中筛选这些角色及其使用率。“即将到期”显示的是将在30天后过期的角色数，单击此区域可以查看这些角色。

3）未决请求：显示未决定的角色请求数，单击可查看所有请求。

4）存储：显示站点存储容量和已使用空间的百分比。

现在，我们已经学会了“My Platform”选项卡的使用，并掌握了站点名称重命名的方法。

平台的使用离不开各个职能部门与相关用户，作为管理员，我们需要邀请成员进入站点并进行相应管理工作。接下来我们将学习此部分的内容。

2.3 成员管理

站点成员需要由管理员邀请来加入站点。本节着重介绍管理站点成员的方法，包括如何邀请成员、赋予成员角色权限和移除成员等。

2.3.1 逐一邀请成员

我们可以在“Members Control Center”中逐一地邀请成员，关键步骤如下。

提 示

邀请是一封电子邮件，其中包含打开注册页面的链接。如果成员已经拥有有效的登录账号，则可以直接登录，否则必须先创建自己的3DEXPERIENCE账号。

1）单击“邀请成员”（见图2-7）。

图2-7 单击“邀请成员”

2）填写用户电子邮箱地址（见图2-8）。如果同时邀请多位用户，则用英文输入法下的分

号“;”分隔各电子邮箱地址，也可以按下 <Tab> 键进行分隔。

图 2-8　成员设置界面

提示

为了节省时间，我们可以复制 / 粘贴任何已输入的电子邮箱地址。要删除任何电子邮箱地址，请单击电子邮箱地址后面的“×”。

3）设置用户权限。默认为成员，如需修改，请单击“用户权限”下的下拉按钮。用户权限有成员、管理员、外部三种类型，见表 2-1。

表 2-1　用户权限的类型

类型	权　　限
成员	获得管理员授予的角色 创建合作区并管理合作区内的成员（取决于管理员的设置）
管理员	访问自己或其他管理员授予的角色 创建合作区并管理合作区内的用户
外部	将外部用户添加为站点的成员，并授予可访问的合作区和社区的权限

4）其余保持默认设置，而后单击“下一步”。

5）在“角色”选项卡的“使用许可证可用的角色”部分，从列表中选择一个或多个角色进行分配。通过在“搜索角色”字段中键入角色的关键词，可以缩小列表范围。在本节中选择分配 Collaborative Designer for SOLIDWORKS 角色（见图 2-9）。

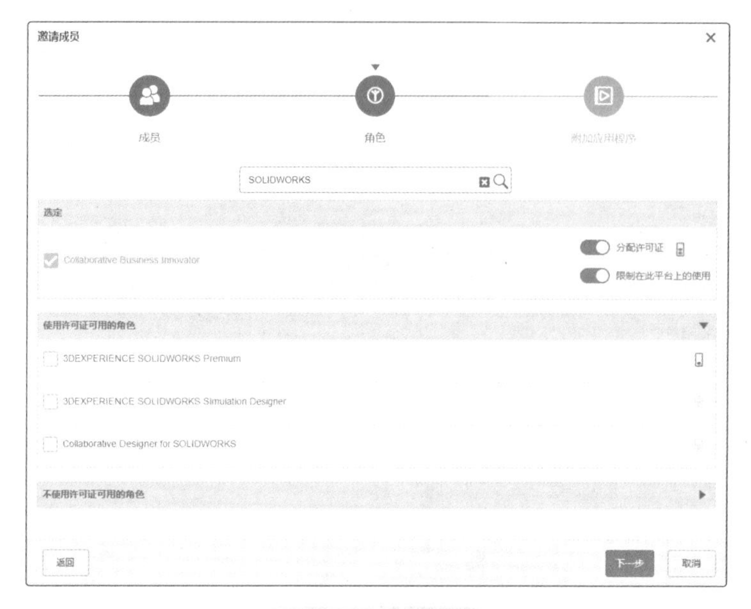

图 2-9　分配角色

提示

请保持“分配许可证”与“限制在此平台上的使用”选项处于选中状态。除非所邀请用户已在其他站点获得对应角色的许可，或希望用户可以被邀请入其他站点，此处设置才需要调整。

提示

部分角色会以其他角色为前提，指派这类角色时，会自动分配关联的角色。如图 2-10 所示，分配 Collaborative Designer for SOLIDWORKS 角色时会自动关联 Collaborative Industry Innovator 角色，因此，角色能否分配成功取决于是否有剩余的 Collaborative Industry Innovator 角色。也就是说，可邀请的用户数量取决于数量最少的角色的许可数。

6）单击“确定”，返回“角色”选项卡，而后单击“下一步”。

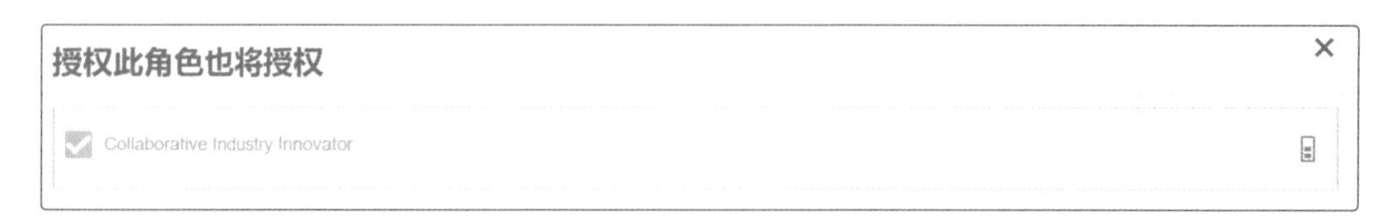

图 2-10　自动授权关联角色

7）在“附加应用程序”选项卡的“选定”部分，从列表中选择一个或多个需要的应用程序。我们可以通过在“搜索附加应用程序”字段中键入应用程序的名称来缩小列表范围（见图 2-11）。

8）单击“邀请”，会出现一条消息，确认电子邮件已发送，即代表邀请成员的操作已完成。

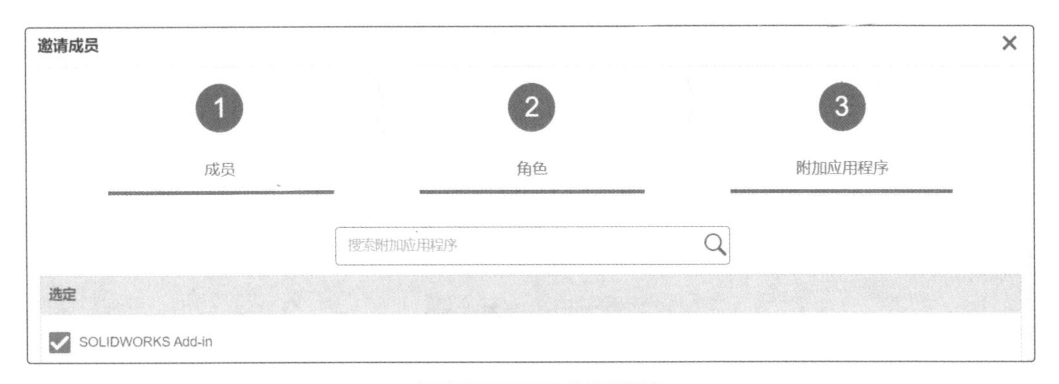

图 2-11　附加应用程序

提示

若用户拥有 Collaborative Designer for SOLIDWORKS 角色，建议取消勾选“SOLIDWORKS Add-in”。

提示

角色和附加应用程序可以在邀请成员进入站点后再另行添加或修改。

管理员可以在成员的详细信息中对角色及附加应用程序进行修改。注意：只有选择“查看所有”，才可以看到站点中的所有角色，如图 2-12 所示。

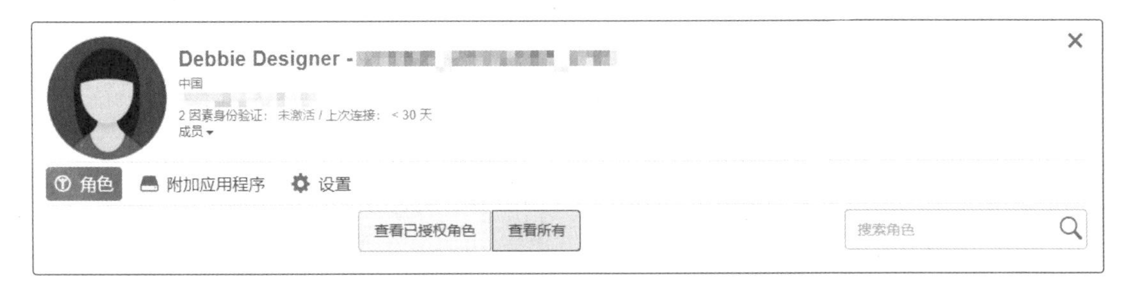

图 2-12　修改成员的角色及附加应用程序

2.3.2　导入成员

如果站点成员较多，管理员可以通过导入 CSV 文件来批量邀请多个成员，并进行相应的许可管理，操作步骤如下：

1）切换至“导入成员”选项卡，如图 2-13 所示，单击“邀请成员”，将弹出邀请成员对话框。

图 2-13　邀请成员

2）在弹出的对话框中，单击“浏览”来选择要导入的 CSV 文件，如图 2-14 所示。CSV 文件中要包含用户的电子邮箱地址列表以及在站点上授予的权限。

图 2-14　导入成员界面

单击“下载示例”，可将平台提供的示例文件作为参考来制作自己的导入文件，如图 2-15 所示。

用户位置、邀请电子邮件语言、个性化消息采用默认即可。

```
#email;user rights;agreement
sample-email-1@3ds.com;admin;employee;
sample-email-2@3ds.com;member;employee;
sample-email-3@3ds.com;member;external;
```

图 2-15　示例 CSV 文件

3）单击“下一步”。其余步骤与逐一邀请成员相同。

提 示

执行导入时，如果数据量太大，整个过程可能会执行几分钟，请耐心等待。

2.3.3　移除成员

现在，我们已经学会了通过单个方式或批量方式邀请成员进入站点。而在一个企业中，人员流动无法避免，接下来我们将学习如何移除站点中的已有成员。同样的，移除成员也分为单个移除与批量移除两种方式。

1. 单个移除

管理员可以在“成员详细信息”对话框中将成员逐个从站点中移除。

提示

管理员移除成员前，必须首先移除已授给成员的角色，而角色的许可证有 30 天的锁定期。平台规定，角色中的应用被首次使用的 30 天之后，此角色许可证才可以被收回。需要注意的是，每个角色中应用被首次使用的时间不同，锁定的结束日期也会不同，如图 2-16 所示。

在锁定结束之前，成员的角色将无法被移除。在这种情况下，管理员可以先移除成员的“平台访问权限”，而不是完全移除成员。待角色的许可证释放后，再移除成员。

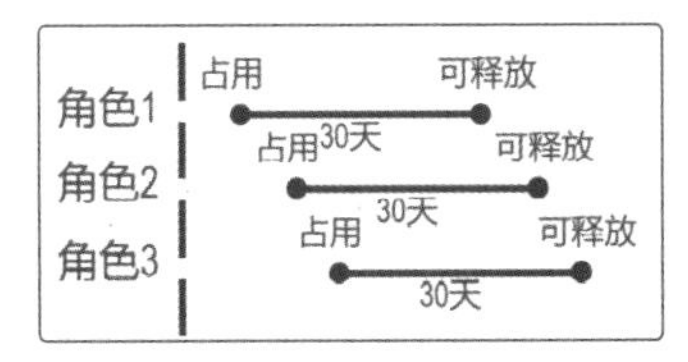

图 2-16　30 天许可占用说明

移除成员的步骤如下：

1）切换至“Members Control Center”选项卡，单击要移除的成员卡右侧的“详细信息”图标，如图 2-17 所示。

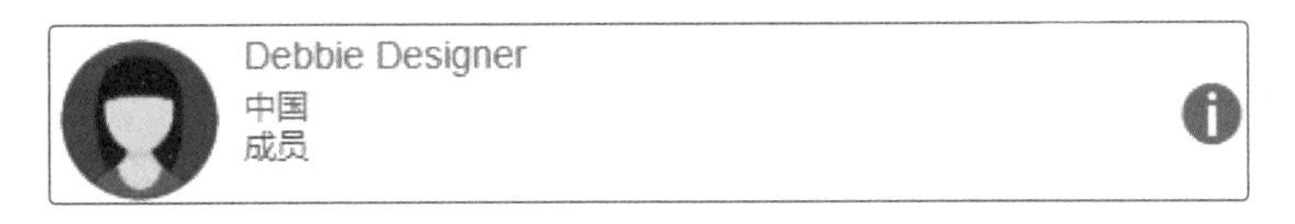

图 2-17　成员卡

2）此时将显示成员的详细信息对话框，如图 2-12 所示。

3）单击“设置”，而后单击“移除用户”（见图 2-18），并选择“确认”。此时该成员将被从站点中移除，并从“Members”选项卡中消失。

图 2-18　成员的设置页面

提示

管理员可以在“Legal”选项卡下的“管理数据隐私”选项卡中对移除的用户使用假名来保护隐私，如图2-19所示。被移除成员创建的数据，将显示为“匿名用户”创建。

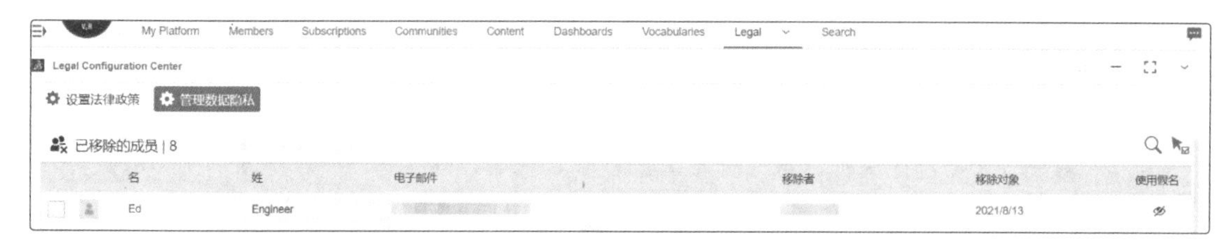

图2-19　隐私保护

说明：从站点中移除用户，并不会删除用户的账号，用户只是不能继续访问当前站点，其账号依然有效，用户仍然可以继续访问达索系统公共讨论区等其他站点。

2. 批量移除

除了逐一移除成员之外，管理员也可以批量移除成员，操作步骤如下：

1）在“Members Control Center”选项卡中，可单击多个成员卡来选择多个成员（见图2-20）。

提示

再次单击成员卡可取消选择。

2）在右下角，单击“打开”，而后单击“移除用户”（见图2-21）。

图2-20　选择多个成员

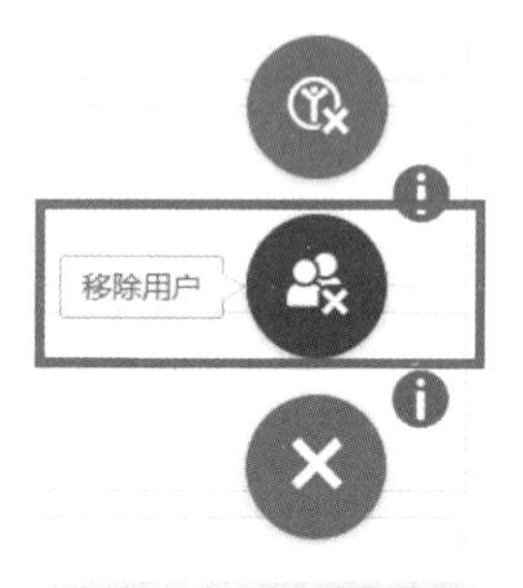

图2-21　移除成员

提示

此方式与逐一移除成员不同，无须确认即可移除成员。

2.3.4　成员管理设置

除了成员邀请与移除外，管理员还可以在“Members Control Center”选项卡中进行如下操作：管理请求、配置成员邀请、配置应用程序安装及日志等。

1）管理请求。在此选项卡中，管理员可以允许站点成员请求站点上可用但尚未授予的角色，还可以管理成员的请求。

提示

当用户请求角色时，将显示消息，单击消息将打开“Members Control Center”选项卡。建议管理员开启“允许平台成员请求新角色”。

2）配置成员邀请。我们可能需要单独管理角色和许可证分配，或者允许邀请来自其他站点的人员，以便可以在不同的站点上协作，此时便可以在此选项卡中进行相关设置。

3）配置应用程序安装。如果站点有多个用户，需设置本地网络安装路径以加快下载安装文件的速度，此时便可以在此选项卡中进行相关设置。

4）日志。本选项卡允许我们跟踪有关成员和角色管理的活动。日志表显示与管理员活动相关的每个事件，包括日期、管理员、类别和消息等。

2.4　社区

社区用于共享信息及专业知识，方便站点成员参与讨论、分享和协作。我们可以为每个项目创建专用的社区，并通过用户组来管理访问权限等。

2.4.1　创建社区

切换至“Communities”选项卡，单击“管理社区”，单击“+ 社区”，填入标题与描述信息，单击“创建”即可创建社区（见图 2-22）。

图 2-22　创建社区

提示

社区可以设置为仅由管理员创建，避免造成混乱，如图 2-23 所示。

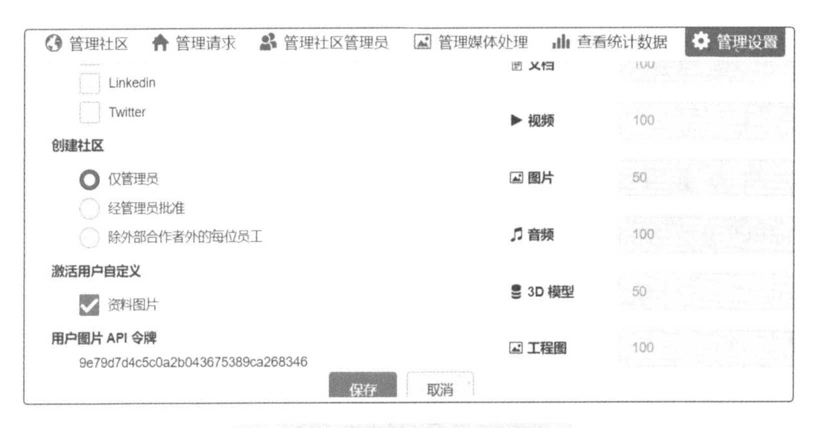

图 2-23　仅管理员可创建社区

2.4.2　社区成员管理

社区创建完成后即可在“管理社区”选项卡中查找到刚创建的社区，单击社区即可进行管理。首先，管理员需要添加站点成员进入社区。添加成员进入社区与邀请成员进入站点类似，也分为单个添加与批量添加。

提示

仅站点内的成员可以被添加入站点的社区。

单个添加的步骤如下：

1）单击“管理社区”，选择“成员”，而后单击“添加成员”图标。

2）在不同的权限下输入成员名称，如图 2-24 所示。供稿人、作者及所有者的差别详见第 3 章。此处我们选择供稿人权限。

3）单击“添加”即可完成操作。

图 2-24　社区中邀请成员

批量添加成员需要选择“导入成员”，然后选择 CSV 文件进行提交。CSV 文件中的内容格

式可参考图 2-25 所示的范本。

#用户登录或用户组ID（UUID v4）登录	用户的电子邮件（用户组为空）	用户的名（用户组为空）	用户的姓（对于用户组可以为空）
jw	jimwilson@acme.com	Jim	WILSON

图 2-25　社区导入成员的参考 CSV 文件范本

除了添加成员外，管理员还可以移除成员。单击下拉按钮，单击“删除”即可，如图 2-26 所示。同样的，也可以用 CSV 文件进行批量移除，其 CSV 文件范本与添加成员时一致。

图 2-26　移除社区成员

2.4.3　社区可见性管理

除了成员管理之外，社区的可见性也需进行管理。可见性由社区管理员设置。可见性级别影响我们与社区交互的方式。在社区中可见性有三类，分别是公共、私人与机密，三者的差别详见第 3 章。

创建社区时，可见性默认为机密，即只有被社区管理员邀请，用户才可以成为机密社区的成员，才可以看到社区中的内容和参与讨论。更改社区可见性的操作步骤如下：

1）单击“管理社区”，而后选择社区，并单击“设置”。

2）在“社区的员工可视性”与“社区的外部合作者可见性”区域进行选择（见图 2-27）。设置完成后单击“应用”即可。

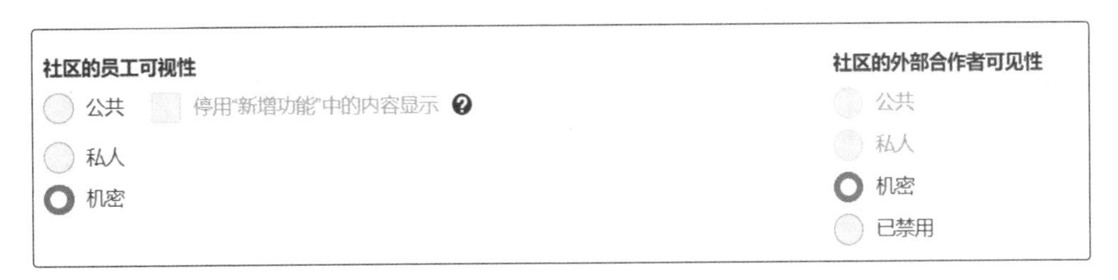

图 2-27　社区可见性设置

2.4.4　社区内容管理

创建完社区，邀请成员进入社区并对社区进行了可见性管理后，管理员还应当对社区内容进行管理。社区中允许创建多种类型的内容，可以让社区成员参与到富有成效的协作体验中。

除了调查类型外，成员可以评论和点赞任何类型的内容。平台目前支持帖子、3D/照片/视频、WeDo、观点、问题、调查与Wiki等页面内容（见图2-28），第3章将会对这些内容进行详细介绍。

图2-28　社区内容

所有的社区内容均可以开启或关闭，同时可以授权供稿人进行创建，设置步骤如下：

1）单击“管理社区”，而后选择需要修改的社区，并单击“设置”。

2）在内容处选择开启或关闭（见图2-29），单击“应用”即可。

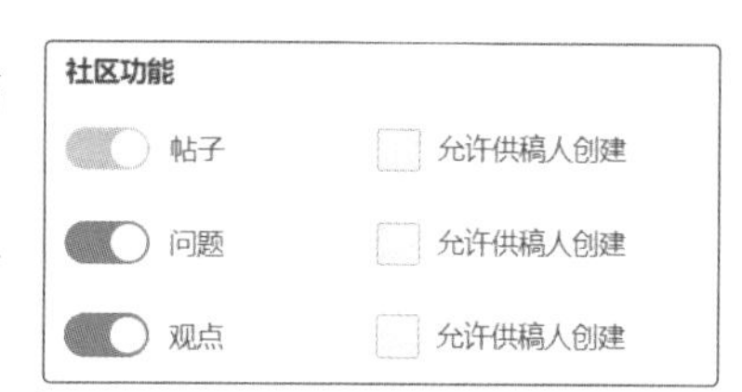

图2-29　设置社区功能

此外，观点还具有状态性，管理员可以为观点添加或删除状态以及设定“传输观点所需的最低级别观点状态”（见图2-30）。

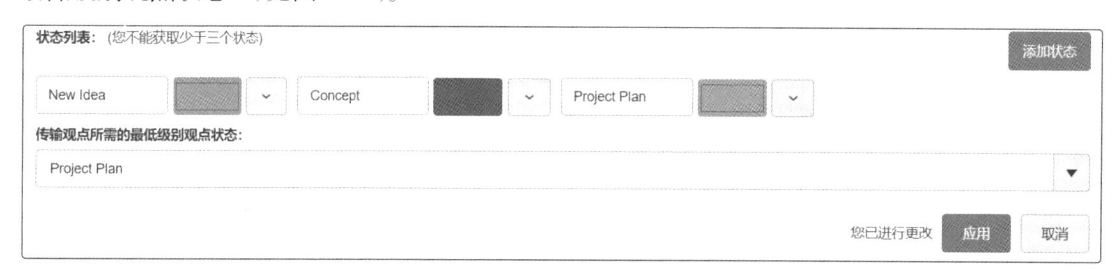

图2-30　观点状态管理

以上几项内容是社区管理的核心，在社区的“管理请求”“管理社区管理员”“管理媒体处理”与“管理设置”选项卡中一般不做特殊设定，采用默认即可。另外，在“查看统计数据”选项卡（见图2-31）中，管理员可以了解社区的内容概况、活跃程度等。

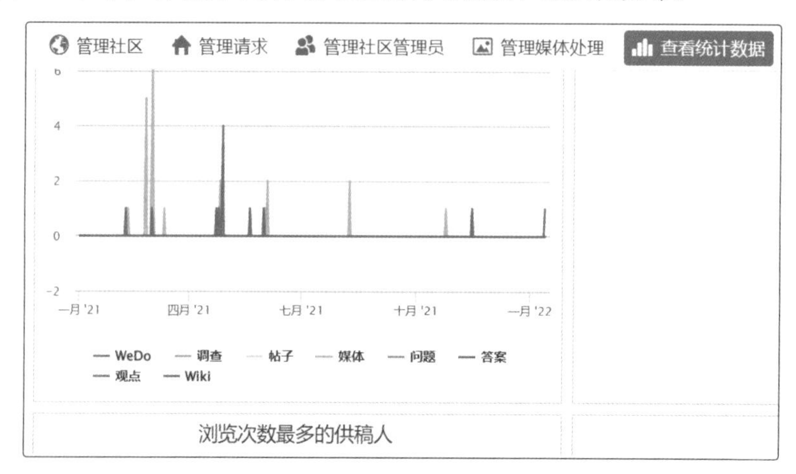

图2-31　社区数据统计及分析

2.4.5　删除社区

管理员可以删除不再需要的社区，删除步骤如下：

1）单击“管理社区”（见图 2-32），选择需要删除的社区。

2）单击“删除”，再单击“确定”即可删除社区（见图 2-33）。

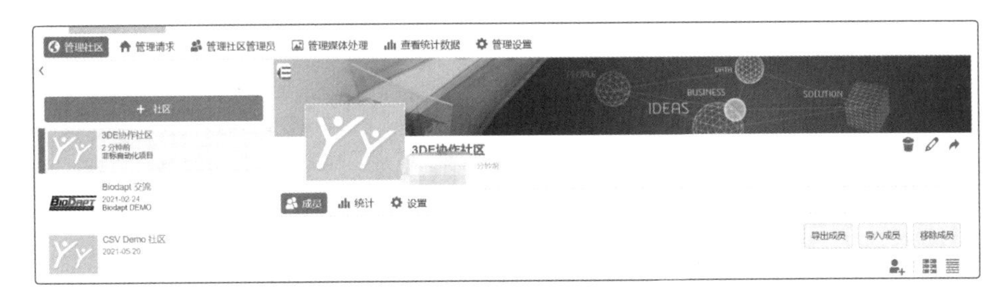

图 2-32　管理社区

图 2-33　删除社区

提示

社区删除后，不可恢复。

在本节中，我们主要学习了如何创建社区，如何为社区添加成员，以及社区内容的设置等。这些工作将为团队基于平台开展协作打好基础。

2.5　内容管理

在“Content”选项卡中，包含了三个重要的设置，分别是 Drives Control Center（3DDrive 管理）、Collaborative Spaces Control Center（合作区管理）和 Collaborative Spaces Configuration Center（合作区配置）。

2.5.1　3DDrive 的基本设置

在“Drives Control Center”选项卡中，我们可以了解 3DDrive 的使用情况，并对 3DDrive 进行设置。

在“管理用户的驱动器”选项卡（见图 2-34）中列举了所有用户的 3DDrive 使用情况，包括姓名、电子邮箱地址、已分配的磁盘空间、使用及已分配的磁盘空间、所有者状态等信息。

在最后一列可以单击齿轮图标⚙来进行个人 3DDrive 的管理设置，例如重命名标题及更改已分配的磁盘空间等。管理员可以搜索 3DDrive 所有者的名字或姓氏，也可通过名字、姓氏与所有者状态进行排序，或用“用户状态”中的“活动”与“非活动”来进行过滤筛选。

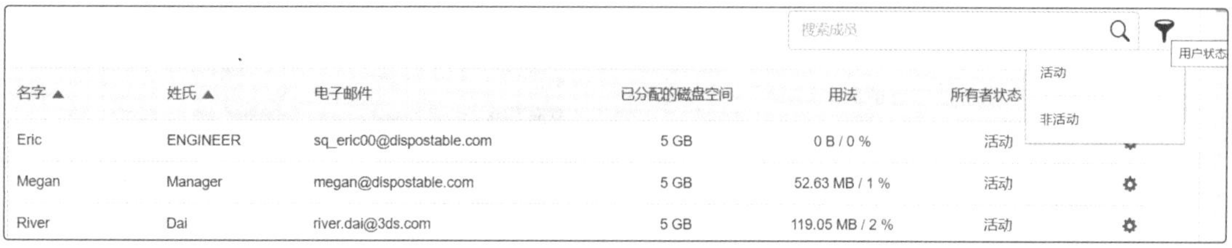

名字 ▲	姓氏 ▲	电子邮件	已分配的磁盘空间	用法	所有者状态	
Eric	ENGINEER	sq_eric00@dispostable.com	5 GB	0 B / 0 %	活动	⚙
Megan	Manager	megan@dispostable.com	5 GB	52.63 MB / 1 %	活动	⚙
River	Dai	river.dai@3ds.com	5 GB	119.05 MB / 2 %	活动	⚙

搜索成员 用户状态 活动 非活动

图 2-34　管理用户的 3DDrive

在“管理设置”选项卡中，可以设置每个用户的 3DDrive 空间（默认为 5GB），同时还可以设置迭代策略（见图 2-35），主要有以下两项：

图 2-35　3DDrive 推荐默认设置

1）迭代计数：即历史版本，用于设置更新文件时保留的最大迭代次数。默认情况下，迭代次数为 5 次。

2）天数：设置文件迭代保存的最大天数。默认情况下，天数为 10 天。

在“通过链接共享”下可以设置是否允许站点用户通过链接来共享 3DDrive 中的数据。默认情况下，此选项未选中。选中后，将允许我们使用链接来共享内容。接收链接的用户将有权访问一个独立的网页，用户能以来宾用户的身份从该网页查看和下载内容。

此处建议采用图 2-35 所示的默认设置。

2.5.2　创建合作区

站点管理员可以使用“Collaborative Spaces Control Center”选项卡列出合作区、转移所有权、定义谁可以创建合作区、创建合作区以及配置设定等。

合作区的创建步骤如下：

1）进入“Content”选项卡，在“Collaborative Spaces Control Center”下单击“管理合作区”，如图 2-36 所示。

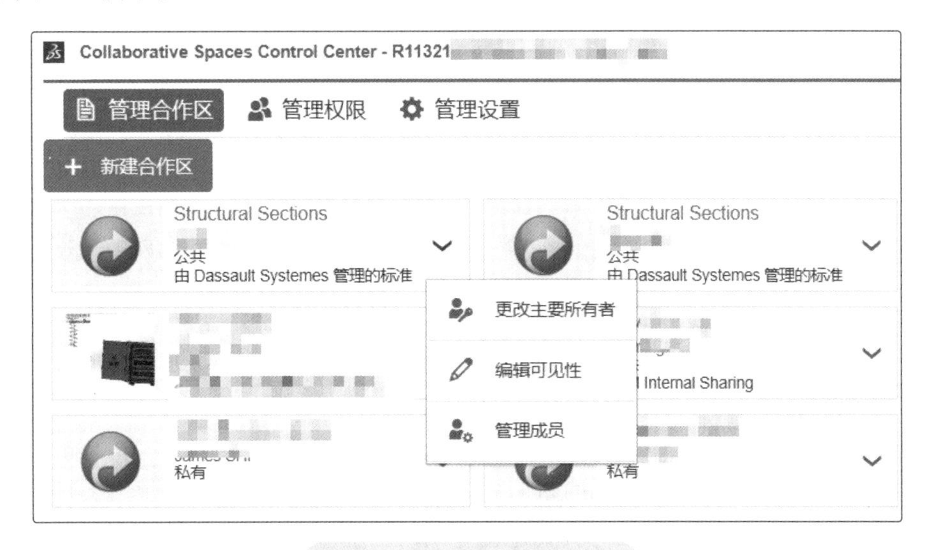

图 2-36　新建和编辑合作区

2）单击“新建合作区”，将弹出图 2-37 所示的窗口。

创建协作区

主要所有者　输入名称

标题 *

输入标题...

描述

输入描述...

系列

设计 - 协作存储以管理任何类型的内容

可见性

私人 - 内容仅对成员可见

创建　取消

图 2-37　新建合作区

下面对图 2-37 中的主要项目进行说明：

① 主要所有者：在此输入主要所有者的姓名。主要所有者是合作区的首要负责人，每个合作区仅有一位主要所有者。

② 标题：合作区的标题。此文本是我们在选择合作区时看到的内容。

提示

标题可输入的字符不能超过 32 个，同时还应避免使用下列特殊字符：

< > / \ : * | ? " @ # $ % , . [ ]

③ 描述：合作区用途说明。

④ 系列：包括“标准”或“设计”两种类型。“标准”合作区只能包含站点中的标准内容，但“设计”合作区可以包含标准内容。

⑤ 可见性：包括私人、受保护和公共三个选项。系列及可见性中不同类型的差异详见第 4 章。

3）输入上述信息后，单击“创建”即可创建合作区。

2.5.3 合作区管理

合作区创建完成后，所创建的合作区即会显示在“管理合作区”选项卡中，单击下拉按钮可以更改合作区的主要所有者、编辑可见性，以及管理合作区中的成员，如图 2-36 所示。

对于站点的成员，管理员有权定义其是否有权限创建合作区。单击“管理权限”选项卡，若要允许成员创建合作区，则单击“允许创建”，若要阻止成员创建，则单击“拒绝创建”，如图 2-38 所示。每个成员卡仅显示“允许创建”或“不允许创建”。

图 2-38 定义成员的合作区创建权限

单击图 2-38 中的“显示凭据”，管理员可以查看相应用户已分配到的“凭据列表”（见图 2-39）。凭据（Credentials）可以看作合作区、组织和访问角色的组合。将在第 4 章详细介绍凭据。

图 2-39 成员凭据列表

单击图 2-38 中的“管理设置”，管理员还可以定义与合作区相关的设置（见图 2-40）。一般可采用图 2-40 中的默认设置。如需要修改，单击“保存”即可更新设置。

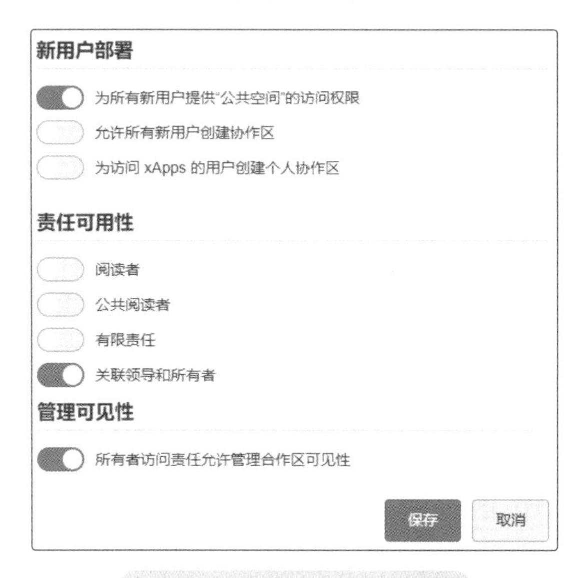

图 2-40　与合作区相关的设置

2.5.4　合作区配置

现在我们已经创建了合作区，并且进行了一些默认设置，接下来我们将对合作区的核心内容 [属性管理（Attributes Management）、命名规则、成熟度图表等] 进行详细介绍和设置，其他内容可先统一采用平台的默认设置。

1. 属性管理

在平台中，我们可以管理 SOLIDWORKS 数据的属性。为此，站点管理员必须先在 SOLIDWORKS 文件和 3DEXPERIENCE 对象之间建立属性映射关系。映射可以是单向的，也可以是双向的。在平台中，SOLIDWORKS 装配体及零件模型数据对应的是“物理产品”（physical Product，在第 4 章我们将详细介绍“物理产品”），SOLIDWORKS 图纸对应的是“工程图”。

管理员需要使用“Collaborative Spaces Configuration Center”选项卡进行属性映射和管理。首先，我们需要为“物理产品”对象添加新的属性，具体配置步骤如下：

1）单击“属性管理”，而后单击“搜索类型”图标 🔍，在搜索栏中输入“物理产品”并按回车键（见图 2-41）。

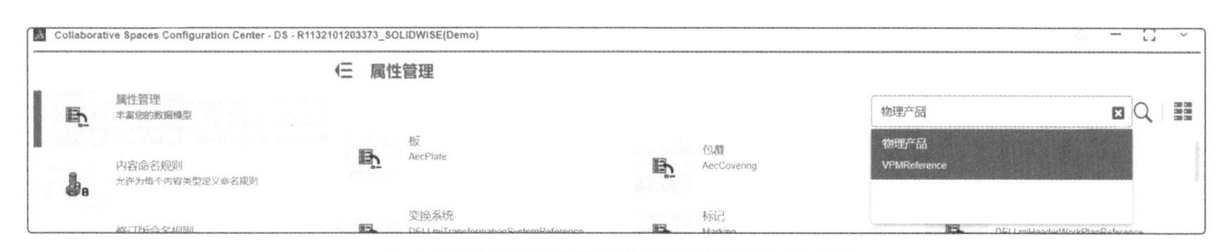

图 2-41　利用搜索快速寻找“物理产品”

2）单击“添加属性”图标 ＋，以添加“物理产品”所需的属性，如图 2-42 所示。

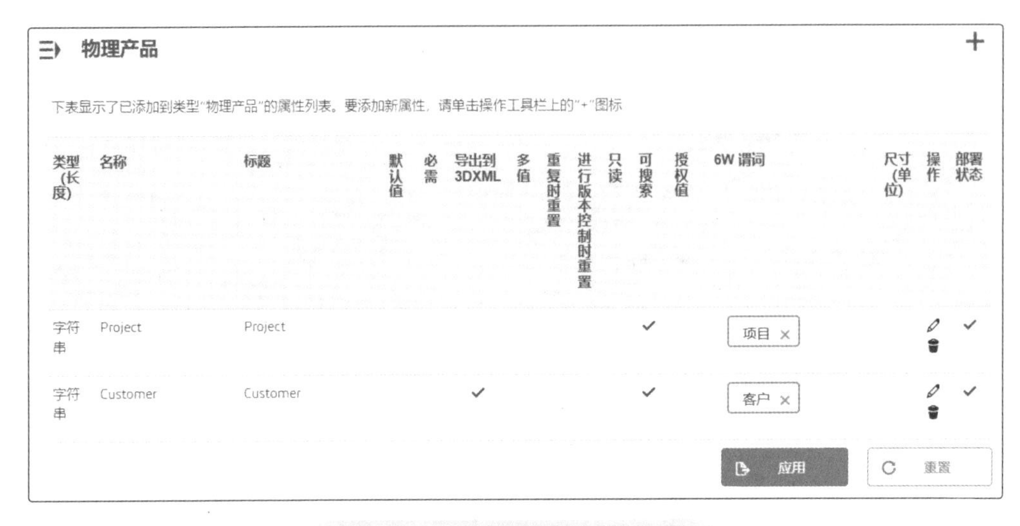

图 2-42　为“物理产品”添加属性

3）在“添加属性”对话框中，我们可以指定属性的名称、标题，还可以设置属性是否只读、是否可搜索，以及属性在复制或修订“物理产品”时是否重置等，如图 2-43 所示。其中，名称是属性的唯一标识，不可重复。

图 2-43　添加属性

4）单击“确定”返回“物理产品”页面（见图 2-42），而后单击底部的“应用”，当属性的“部署状态”列显示为✓，即表示属性已添加并应用成功。

5）类似的，我们也可以为“工程图”继续添加属性。

6）返回“Collaborative Spaces Configuration Center”主页面，单击“配置部署”，在“配置和服务器实用程序”下单击“重新加载缓存”，完成后，再单击“更新索引模型”（见图 2-44）。

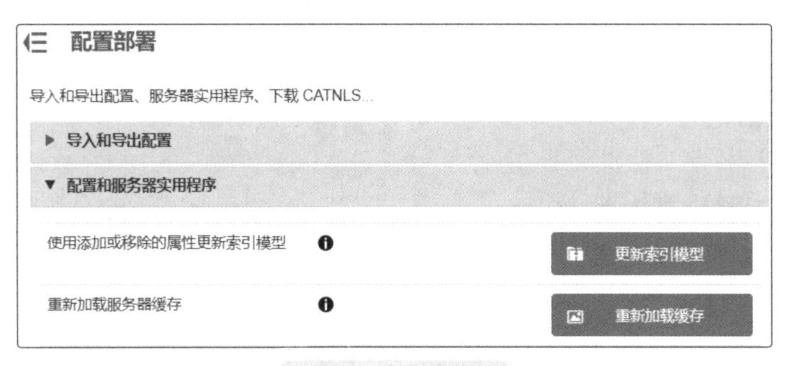

图 2-44　配置部署

现在我们已经在站点中配置了“物理产品”和“工程图”的属性，接下来我们还需将这些属性关联至 SOLIDWORKS 的装配体（Assembly）、零部件（Component）及图纸中的自定义属性，具体步骤如下：

1）在“Collaborative Spaces Configuration Center”选项卡中单击“CAD 协作”，而后在“连接器”下选择“SOLIDWORKS”（见图 2-45）。

图 2-45　CAD 协作

2）进入“属性映射”选项卡，在“物理产品 <=> 装配体（系列项目）”栏目的底部单击“添加属性映射”图标 **+**（见图 2-46）。

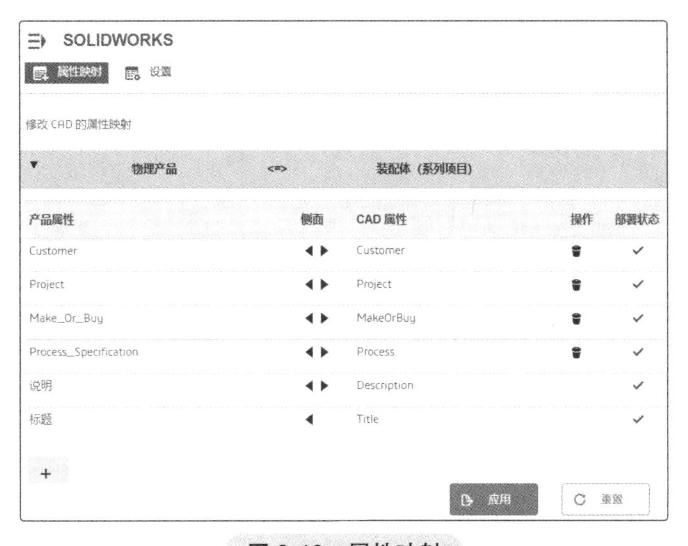

图 2-46　属性映射

3）在弹出的“为物理产品 / 装配体（系列项目）添加映射属性”对话框中，我们选择之前添加的“物理产品”属性，并输入与之对应的 SOLIDWORKS 属性。同时在这里，我们还可以指定属性映射的方向，是双向还是某一单向，如图 2-47 所示。

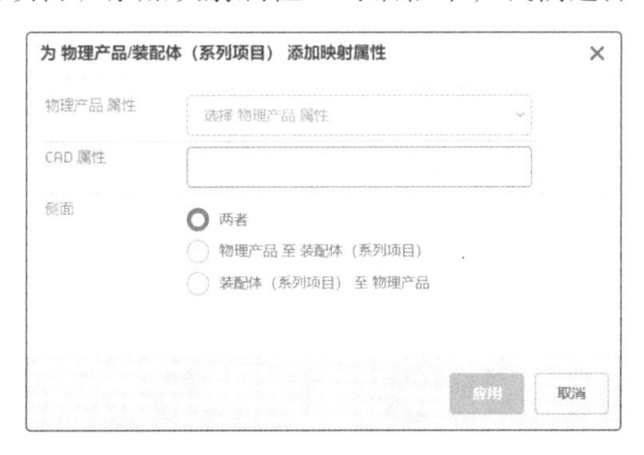

图 2-47　添加映射属性

4）类似的，我们可以在“物理产品 <=> 部件（系列项目）”“绘图 <=> drawing”栏目中为 SOLIDWORKS 的零部件和图纸添加属性映射。

5）完成所有属性映射的设置后，单击“应用”（见图 2-46），即可将属性映射应用到平台中。

提示

在图 2-46 所示的“设置”选项卡，我们可以根据需要，设置在保存 SOLIDWORKS 数据时进行的检查。

2. 命名规则

当零件、装配体和工程图被首次保存在平台上时会自动获得唯一的名称，这需要管理员在平台中为每种对象类型定义内容命名规则。设置自动命名的规则可以确保文档遵循企业的命名规范，实现数据命名的标准化，并更易于查找。管理员设置内容命名规则的步骤如下：

1）在“Collaborative Spaces Configuration Center”选项卡中单击“内容命名规则”，在这里，我们可以看到平台中数据的命名公式为“{ 前缀 }-{ 中间定位 }-< 计数器 >-{ 后缀 }”，如图 2-48 所示。

图 2-48　内容命名规则

2）根据需要选择内容类型并指定前缀、后缀、中间定位及分隔符等。

3）单击“应用”即完成命名规则的修改。同样的，我们可以为工程图等其他类型定义命名规则。

提示

名称是平台中数据的唯一标识，“内容命名规则”中定义的是平台中数据名称的命名规则，以确保数据名称的唯一性。如果我们对数据对象的零件号等有更多要求，可以参考“Collaborative Spaces Configuration Center”选项卡中的“工程定义”，在这里，我们可以定义“企业项目编号”。要应用“企业项目编号”，我们需要拥有 3D Product Architect 或 Product Release Engineer 等角色。

3. 成熟度

成熟度可以控制数据的生命周期状态。在平台的成熟度管理中，“物理产品”等属于“工程定义”，修改“工程定义”就将修改“物理产品”的成熟度，具体操作步骤如下：

1）在“Collaborative Spaces Configuration Center”选项卡中，单击“成熟度图表”，而后单击“搜索政策”图标，在搜索栏中输入“工程定义”并按回车键（见图 2-49）。

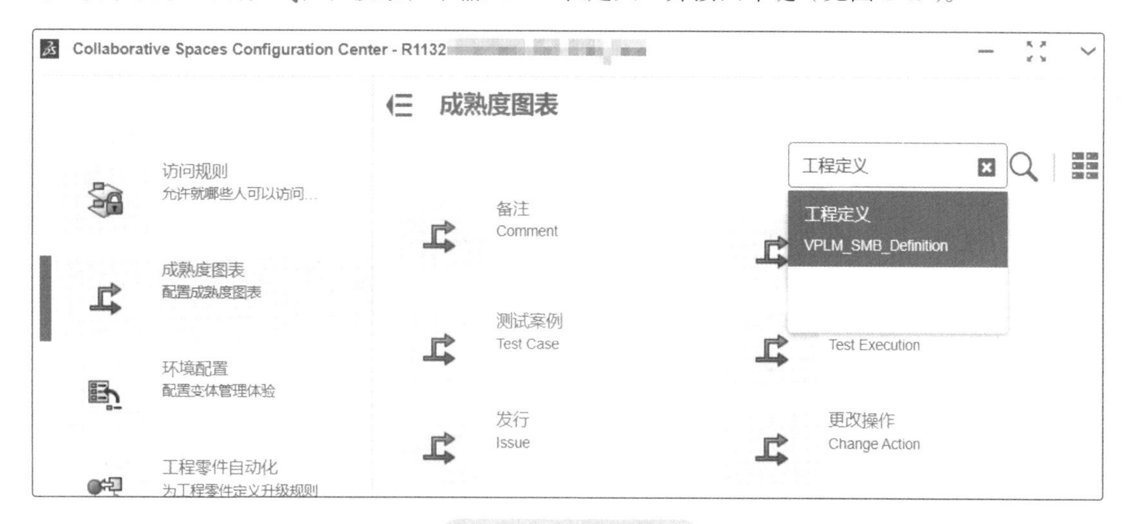

图 2-49　成熟度图表

2）在“工程定义”页面的“编辑”选项卡下，我们可以看到“工程定义”的成熟度图表。成熟度图表由各个状态、“转换”（Transition）及控制规则（即如何从一个状态“转换”到另一个状态的规则）组成，如图 2-50 所示。每个框表示一个成熟度状态，状态之间的箭头称为“转换”。向右箭头表示数据可以升级到该状态，向左箭头表示数据可以降级到该状态。“成熟度图的当前控件”下列出了当前已添加的控制规则。

3）在“编辑”选项卡下，我们可以根据需要对成熟度图表进行编辑，包括重命名状态、删除没有锁定的状态、重命名“转换”、添加或删除状态之间的“转换”等。如图 2-50 所示，相对于平台默认设置，我们增加了从“已发布”退回到“工作中”的“转换”。

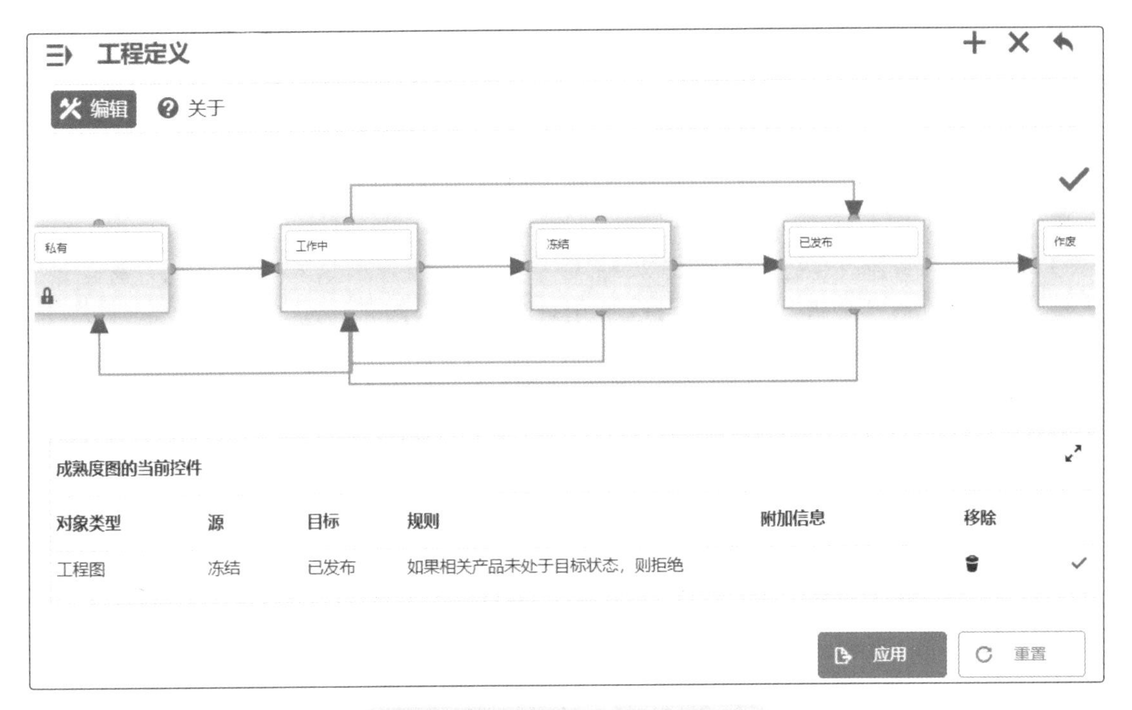

图 2-50 “工程定义”的成熟度图表

提示

在图 2-50 所示的页面中单击“关于”，我们可以查看此成熟度图表对应的内容类型以及允许的操作列表，如图 2-51 所示。其中，“修改拓扑”意味着能够添加或删除状态和“转换”。

我们对成熟度图表的修改，应该在应用成熟度之前进行。应用后，应该避免重命名或删除状态等。例如，如果我们要删除的状态中当前存在任何内容，则用户无法再升级或降级该内容。

工程定义

编辑　关于

摘要

应用到工程定义类别的内容部分，例如物理产品（3D 零件、3D 形状）、工程图、功能参考、逻辑参考、制造装配体等

可能的操作

可对生命周期执行以下操作 工程定义

修改拓扑	是
重命名状态	是
添加规则	是

图 2-51 “工程定义”的“关于”选项卡

4）选中图 2-50 所示的一个“转换”箭头，而后选择“添加转换控制规则”图标 **+**，在弹出的窗口中，我们就可以向“转换”添加转换控制规则，如图 2-52 所示。这里我们添加了一条规则，即如果工程图关联的“物理产品”未处于“冻结”或“已发布”状态，则不允许工程达到相应的状态。

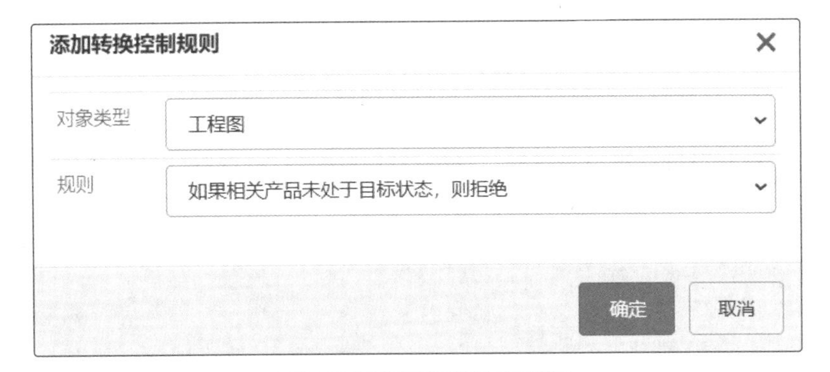

图 2-52　添加转换控制规则

2.6　总结

本章介绍了站点管理员的基本工作，包括查看站点信息，管理站点成员、社区、合作区等。其中，合作区配置中的内容最为复杂，这些设定也将直接影响用户的使用以及企业在平台中的运行方式。

同时，需要特别指出，平台提供了 OOTB（Out Of The Box，开箱即用）的功能。如果企业没有特殊要求，除添加成员、创建社区、创建合作区等基础工作外，其他部分完全可以采用默认设置来快速开始工作。

扫码看视频

第3章 初识平台协作

3

学习目标

1）理解和使用仪表板。
2）共享及管理社区。
3）了解信息搜索的方法。
4）理解基于文档的协作。
5）了解基于任务的协作。

在经济、市场、技术快速发展的今天，我们开发的产品变得越来越复杂，涉及的内外部沟通越来越多。如何确保团队内信息可以及时传递，让团队可以紧密协作，成为企业遇到的一大挑战。平台可以帮助企业有效应对这一挑战，消除由于沟通问题造成的错误和浪费。

社交软件的一大特点即“去中心化”。徐志斌先生在2013年出版的《社交红利》中提到，“去中心化”是指，人们接收信息的方式不再是只接收某一个信息源，而是更多地接收来自身边朋友分享的多渠道的信息。3DEXPERIENCE作为企业级的社交协作平台，即将帮助企业打造一个“去中心化”的沟通协作平台，将产品和项目的所有干系人都联系在一起。成员可以在任何时间、任何地点和任何设备上访问所需的信息，及时获知团队成员的分享，实现多人多部门的无障碍即时协作。

本章就将让我们了解平台如何帮助我们实现紧密、高效的沟通、协作，涉及的主要协作类应用包括仪表板（3DDashboard）、沟通分享（3DSwym）、信息搜索（3DSearch）、云存储（3DDrive）及任务协作（Collaborative Tasks）等。

3.1 统一的协作界面

沟通、协作的基础是相关人员有一致的视角，即大家从同一视角看待问题、项目或任务，可避免由于对事务的视角不同造成描述不一致，产生沟通障碍，导致团队成员彼此无法相互理解。而平台中的仪表板即为团队中所有人提供了一个一致的工作、协作界面。

我们第一次进入3DEXPERIENCE时所见到的“My First Dashboard”，是平台中所有成员都可以看到的初始协作界面。我们可以从空白或基于已有的仪表板，创建和定义自己或团队的工作界面，并将项目或工作相关的数据和信息呈现在仪表板中。通过将仪表板分享给身边的同事，可以确保所有人都与相同的数据连接，在同一数据源以及同一工作界面中开展无缝的协作。

3.1.1 仪表板的组成

平台的仪表板是由一个或多个选项卡组成的、服务于某一目标的、可共享和可定制的页面。选项卡又可由多个应用组成，用以完成或实现某一个具体任务。

图 3-1 所示是名为 Collaborative Designer for SOLIDWORKS 的仪表板，该仪表板是平台为 Collaborative Designer for SOLIDWORKS 角色的使用者提供的默认仪表板。它共有 4 个选项卡，包含了协作所涉及的数据、任务及沟通等主要方面，其中的“社区”选项卡下是团队讨论时使用的 3DSwym 应用。

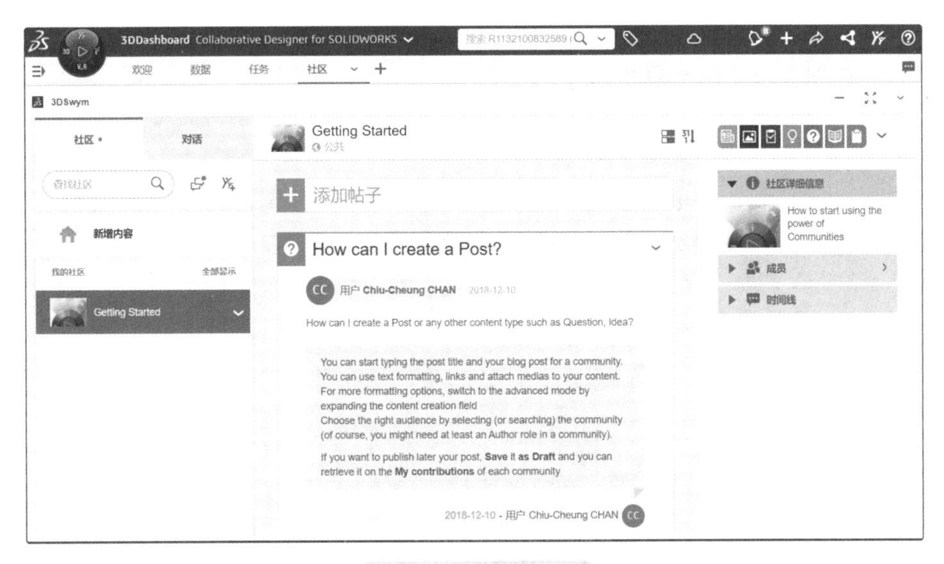

图 3-1　仪表板示例

平台中的成员都可以创建仪表板，所创建的仪表板既可以用于自己的日常工作，也可以用于与团队成员的协作等诸多不同方面。

如图 3-2 所示，单击“控制面板列表”图标，而后单击“添加控制面板”图标 + 就可以进入“创建仪表板”对话框。我们可以根据实际需要，给仪表板赋予一个名称，也可以添加适当的描述。

新建的仪表板是空的，没有任何选项卡。此时再单击仪表板中的“添加新选项卡”图标 + 即可创建一个新的空白选项卡。

图 3-2　添加仪表板及选项卡

为了实现不同的功能，如浏览社区、搜索项目数据以及预览文件等，我们可以从界面左上角的 3D 罗盘导航至“我的应用程序”，将所需应用拖拽至右侧仪表板的选项卡中。第 1 章中已介绍，通过选项卡旁边的下拉按钮，我们可以对选项卡进行基本操作，如“共享”“重命名”等。

提示

平台为用户提供了近千个应用，这些应用可以分为3种应用模式，即仪表板应用、网页应用及本地应用。仪表板应用可以被拖拽至仪表板的选项卡中使用，如3DSwym。网页应用不能被拖拽至仪表板中，单击网页应用的图标将直接在浏览器中打开一个新的页面。本地应用则需要在计算机中安装应用程序之后才可以使用。仪表板应用图标的右上角有箭头标识，与网页应用和本地应用明显不同。网页应用和本地应用的图标没有差异。

仪表板、选项卡及仪表板应用，三者的关系可以用图3-3所示的图形来表示。一个仪表板可以有多个选项卡，一个选项卡可以包含多个仪表板应用。这种方式可以让使用者灵活组织自己的工作界面并无限扩展。放入选项卡中的仪表板应用，也被称作仪表板中的"小部件"（Widget）。

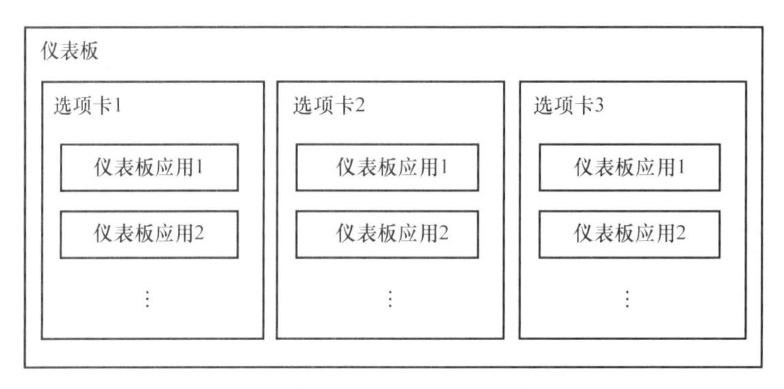

图3-3　仪表板、选项卡及仪表板应用的关系

Collaborative Business Innovator角色是平台中的基础角色，其中的应用可以满足我们日常工作的基本协作、交流需求。其主要应用的功能概述见表3-1，表中应用都属于仪表板应用。

表3-1　常见APPs的功能概述

应用	图标	功能概述
3DDrive		允许我们安全地在线存储、访问和共享来自任何设备的文档
3DPlay		可以实时在线预览平台上的文档或者三维数据
3DSearch		平台中的强大搜索引擎，支持全文检索
3DSketch		允许我们快速、轻松地创建3D草图
3DStory		让我们以直观、生动的方式展示或介绍相关信息
3DWhiteBoard		通过在白板上书写、绘图来表达创意
3DSwym		平台中的社交网络，让成员可以及时沟通、分享和协作

（续）

应用	图标	功能概述
Feed Reader		可以从 3DSwym 或平台外部的源中提取概要信息
Media Links		可以将内部或外部网页中的图片或视频嵌入仪表板中
Metrics Reader		以图表等形式直观地展示 3DDrive 文档中的数据
Quick Links		添加最常用的或希望与他人共享的任何内部或外部网页地址
User Groups		可以将平台上的成员分配到不同组别，以便于进行成员的批量操作
Web Notes		平台中的网页端记事本
Web Page Reader	www	网页界面的查看器

3.1.2　共享及管理仪表板

创建好的仪表板可以共享给指定成员来统一团队的工作界面，以确保所有相关人员查看和使用的信息都是一致的。共享仪表板主要通过链接和添加仪表板成员两种方式。

如果我们只希望共享仪表板当前的内容给指定用户，则可以选择“共享仪表板”对话框中的“与以下用户共享此仪表板的副本”（见图 3-4），而后输入被共享人的名称或登录名，单击“共享”按钮完成共享。如果被共享的用户数量较多或者不针对特定的成员，也可以选择“通过链接到任何人来共享此仪表板的副本”，复制共享链接，然后发给需要共享的用户；或是将链接发布在社区中，任何成员单击链接，都可以看到共享的仪表板。

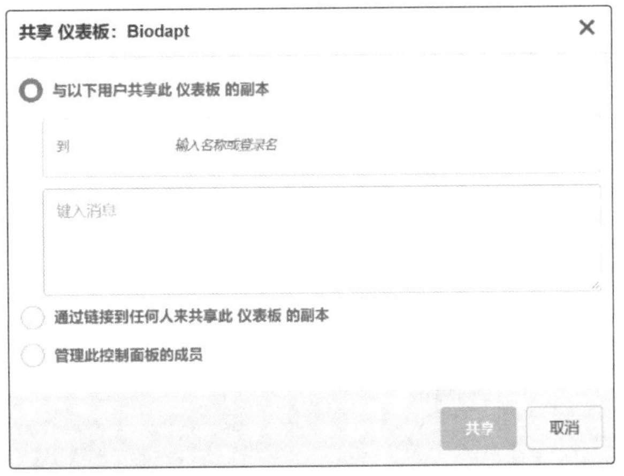

图 3-4　共享仪表板

通过以上两种方式共享的是仪表板的副本，当仪表板的所有者对仪表板进行修改时，副本不会进行相应更新，即仪表板中后续的更改不会同步，我们共享的只是当前仪表板的复制版本。这样的好处是让团队成员可以基于一个共同的基础构建适合自己的专有仪表板。

如果我们希望共享后，对仪表板的任何修改都能被团队看到，让团队的工作界面可以随时保持同步，则需要在“共享仪表板”对话框中选择“管理此控制面板的成员”，此时将跳转至“管理仪表板”对话框，在“添加成员”处输入被共享用户的名称或者登录名，单击“添加”按钮即可完成共享。

提示

在“添加成员”处，我们也可以输入 User Groups 中创建的群组，将仪表板共享给群组中的所有成员。

仪表板中的成员分为 3 种身份，分别是所有者（Owner）、供稿人（Contributor）和阅读者（Reader）。身份不同，其对所共享仪表板的操作权限也不同，具体权限说明见表 3-2。通过定义仪表板中成员的身份，可以减少仪表板被意外修改的风险，特别是在与多位成员共享时。

表 3-2 仪表板成员的权限说明

身份	权限
所有者	可以对仪表板进行任何操作，包括修改、删除仪表板等
供稿人	不能修改仪表板，即不能向仪表板添加选项卡和应用等，但可以编辑仪表板中 Web Notes 等小部件中的内容
阅读者	不能向仪表板添加选项卡和应用等，也不可以编辑 Web Notes 等小部件中的内容

3.2 信息沟通与分享

在协作过程中，团队成员需要进行密集的沟通、交流。为此，平台在诸多应用中都包含了沟通功能，比如仪表板中的“仪表板备注”（见图 3-5），这让团队成员可以结合相关内容或主题展开及时沟通或讨论。

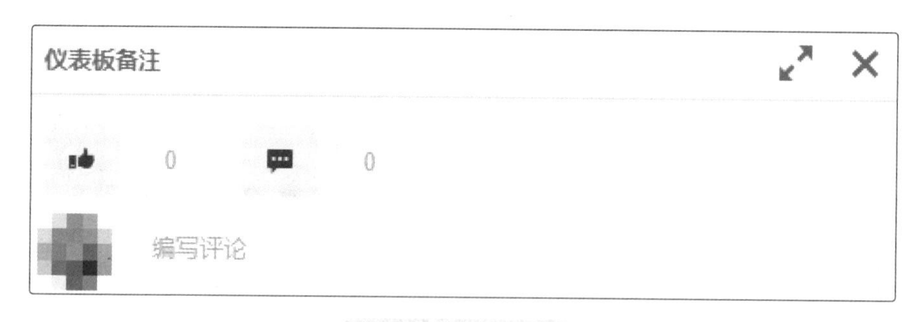

图 3-5 仪表板备注

同时，平台通过 3DSwym 应用也提供了统一、集中的沟通、交流环境。借助 3DSwym，我们可以创建社区，让整个团队在社区内分享、交流和讨论；或是创建对话，让团队成员进行即时沟通。

3.2.1 社区的基本概念

在第 2 章，我们已介绍过管理员创建社区的方法。如果管理员允许，平台中的成员也可以申请创建社区。我们可以根据需要，创建多个不同的社区，以满足不同团队、不同项目的协作需求。

社区有公共、私人和机密 3 种可见性类型，不同类型之间的区别见表 3-3。

表 3-3　社区可见性说明

社区可见性	图标	描述
公共		站点的任何成员都可以查看和评论公共社区中的内容
私人		只有私人社区的成员才能访问其内容。私人社区将出现在社区列表中，即便不是私人社区的成员，我们也可以在社区列表中看到社区的名称和简单描述，并提出加入社区的请求
机密		只有机密社区的成员才能访问其内容，而且机密社区不会出现在社区列表中。因此，只有被社区所有者邀请，我们才能成为机密社区的成员

类似仪表板中的成员，社区内的成员也有不同的身份，除所有者外，还有作者和贡献者。成员身份不同，在社区内的操作权限也不同。在社区内定义成员的不同身份，将有助于确保社区内信息的准确性和可靠性。社区内不同成员的身份与对应访问权限的说明见表 3-4。

表 3-4　社区成员的身份与其权限

身份	权限
所有者	所有者可以创建任何类型的内容，并可以编辑、修改其他成员的内容，以确保发布的内容与社区主题保持一致。所有者同时负责管理社区成员，并处理社区成员提出的请求
作者	社区所有者启用的任何类型的内容，作者都可以创建，同时拥有贡献者的所有权限
贡献者	贡献者可以阅读任何类型的内容、评论帖子、回答问题、答复调查等。根据所有者定义的编辑规则，贡献者也可能创建某些类型的内容。贡献者可以申请成为作者

3.2.2　社区中的信息分享

在社区内分享信息非常简单。如图 3-6 所示，单击图标选择需要创建的信息类型，输入标题和正文，并根据需要，对正文进行必要的格式和排版等方面的调整，而后就可以将信息发布到社区。

图 3-6　在社区中发布信息

为了方便信息后续的检索与分类，在正文中可以通过输入“#”+关键字的形式，给内容添加标签。如图 3-7a 所示，自上而下依次代表“What”“When”“Where”“Who”“Why”“How”的样式，简称 6WTags。在发布信息时添加合适的标签，将有利于社区成员方便找到对应的信息。所添加的标签将出现在对应标签类别的“用户标签”下，如图 3-7b 所示。

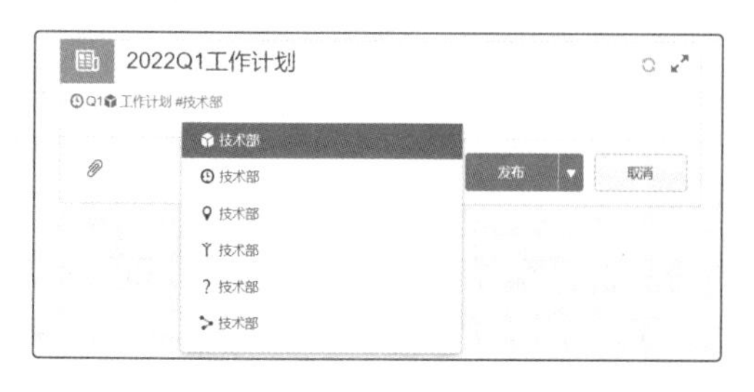

a）自定义标签

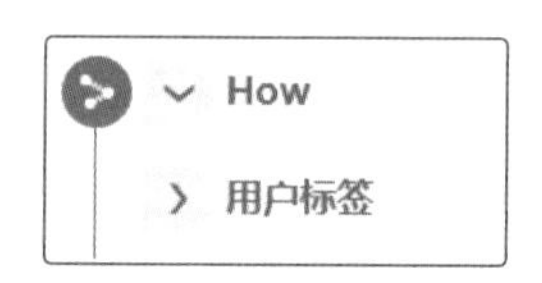

b）用户标签

图 3-7　给发布的信息内容添加标签

如图 3-6 所示，社区提供了多种分享类型以满足不同沟通与协作的需求。社区中常见的分享类型见表 3-5。

表 3-5　社区中常见的分享类型

类型	图标	概述
帖子		类似于文章，在帖子正文中可以添加不同类型的媒体（图像、视频、音频文件、3D 模型、文档和图纸等）
3D/ 照片 / 视频		除可以上传 3D 模型、照片及视频外，这里也可以调用 3DSketch、3DWhiteBoard 和 3DStory 应用来创建 3D 草图、互动白板及展示幻灯片等
WeDo		社区内的任务。我们可以在社区中使用 3.5 节介绍的任务协作应用来跟踪这些任务
观点		观点也可以理解为想法。不同于帖子，观点有自己的状态
问题		向社区成员提出问题。问题的提出者在回复中可以确认答案
调查		创建针对社区成员的调查问卷。调查发起者和社区所有者可以导出调查的最终结果
Wiki		社区内的百科页面，帮助社区成员共享知识或最佳实践等。社区内的作者都可以修改或更新 Wiki

社区成员可以根据需要选择不同的分享类型。除帖子外，观点和 Wiki 也是较为常用的分享类型。

当信息具有启发性，或是希望信息得到进一步关注，我们可以将信息发布为观点，并跟踪观点的“成熟度”。类似于帖子，社区成员可以对观点进行评论和点赞。

“观点渠道”位于社区右侧窗格中，从中可以查看社区中的所有观点。如图 3-8 所示，“观点渠道”形象地展示了当前各个观点的状态和受关注程度。在“观点渠道”中，一个“白点”代表一个观点，其所处的位置代表了观点的状态，较新的观点更靠近状态部分的左侧。“白点”的大小取决于对应观点获得的点赞数量。获得的点赞越多，对应的图示将越明显，观点也因此

更容易获得社区成员的关注。

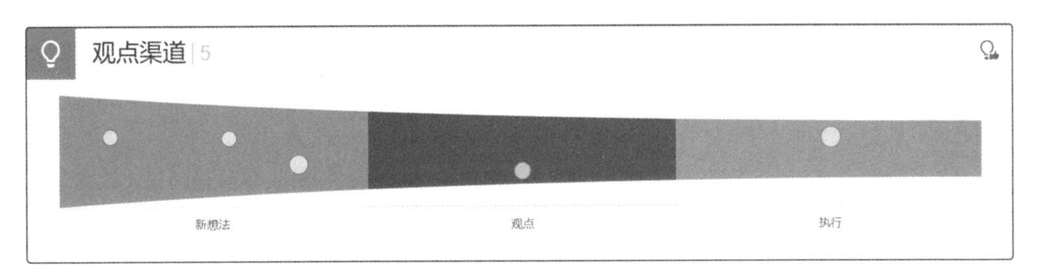

图 3-8　观点渠道

社区的所有者可以更新观点的状态或将观点从“观点渠道”移出。如第 2 章介绍，管理员或社区所有者也可以定义社区中观点的状态。

Wiki 可以帮助我们更好地进行知识库的创建与整理，让社区成员共享知识、更新内容变得更加简单。Wiki 支持版本，并允许我们检索旧版本的页面。同时，Wiki 支持结构树，即让我们可以按照树形结构来组织我们的 Wiki 内容，如图 3-9 所示。

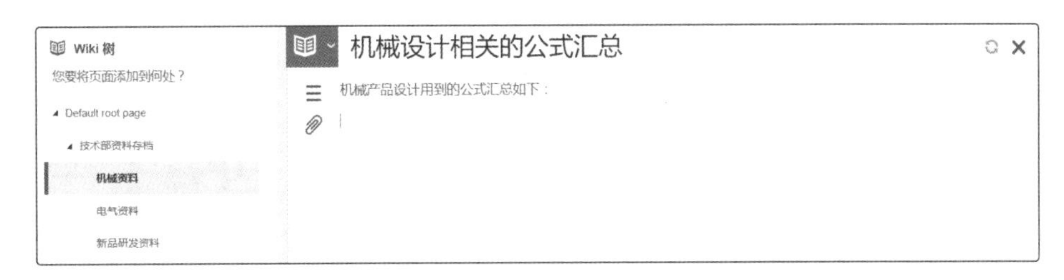

图 3-9　Wiki 页面

发布 Wiki 之前，可以勾选“创建修订版”复选框（见图 3-10），以创建不同版本的 Wiki 页面。

图 3-10　创建修订版 Wiki 页面

当有多个修订版生成时，我们可以方便地切换不同修订版的内容，并可以对比不同版本之间的差异。通过“恢复至此修订版”图标 恢复至此修订版，我们可以将内容恢复至之前版本。此操作并不会删除任何修订版内容，而是以当前选择的版本生成一个新的修订版。

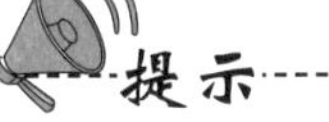

提示

随着社区内容的不断积累，我们可以根据个人喜好设置社区内容的显示样式，可选模式有“大视图”“紧凑视图”和“时间线视图”。我们还可以通过设置“最新活动”或者“创建日期”来对社区内容进行排序。

社区成员对所有内容都可以进行点赞和评论，与团队成员就发布的内容进行互动。成员也可以订阅内容有关的活动，以便内容更改或有成员评论时，可以得到通知。同时，成员也可以收藏重要内容，方便后续回顾。

提示

在正文或评论中，我们可以通过“@”+用户名形式来提醒某位成员对相关内容给予关注。

3.2.3　即时沟通

3DSwym 中的“对话”功能可完全满足团队成员间的即时沟通需求。在“对话”栏目中，可以查看最近参与的所有对话，也可以选择站点内的任意人员发起一个新的对话，如图 3-11 所示。除文字外，对话也支持音频、视频及屏幕分享等多种形式。

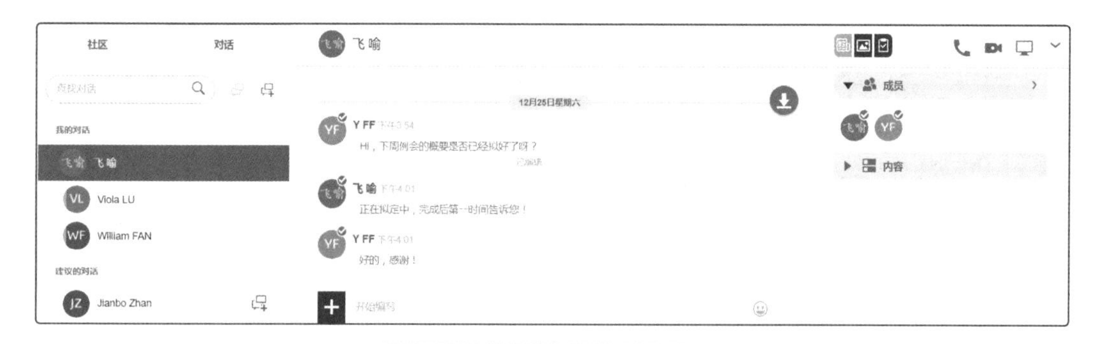

图 3-11　即时沟通的对话界面

可以通过“对话”界面右侧的“成员”来添加更多的人员，以形成一个即时沟通的群组。

提示

对话最多支持 14 人，如果需要有更多人参与，应考虑通过社区进行信息交流。

对话中不仅能发送文字和表情，还可以发布帖子、WeDo 等内容，如图 3-12 所示。

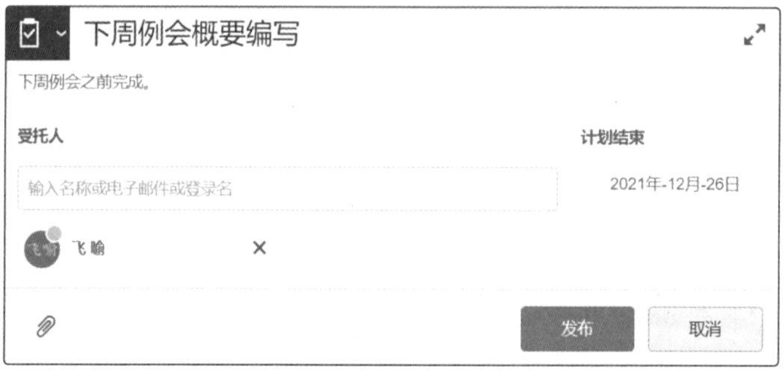

下周例会概要编写

下周例会之前完成。

受托人　　计划结束

输入名称或电子邮件或登录名　　2021年-12月-26日

飞 喻

发布　取消

图 3-12　在对话中发布 WeDo

提示

用户可以将对话记录转换到社区。这相当于以对话内容为基础，创建一个新的社区，参与对话的成员会自动成为社区的成员。

平台通过 3DSwym 为企业提供了一个内部社交网络和即时沟通工具，让所有团队成员紧密连接在一起，让各类信息可以被充分表达，并且让成员可以结合信息进行互动。根据《社交红利》书中的观点，社交网络的收益 = 信息 × 关系链 × 互动。平台提供的这一社交网络形式，也必将让企业从中获益。

3.3　信息搜索及查找

当平台上的信息越来越多，信息检索的效率将会极大影响团队协作的效率。平台内置了强大的搜索引擎——3DSearch，我们通过 3DSearch 可以搜出所关注的信息，而后通过 6WTags 进行信息过滤，快速定位到相关具体信息，如图 3-13 所示。

图 3-13　通过关键词进行搜索

我们只需在搜索栏中输入关键词，单击“搜索”图标 🔍 即可搜索出站点上所有包含此关键词的信息，包括文档、帖子、设计数据或者任务等各类信息。

提示

搜索的关键词至少需要包含 2 个字符，同时搜索不区分大小写。

通过 6WTags，可以进一步过滤搜索结果，以帮助我们快速定位到相关信息。平台提供了默认的 6WTags，包括信息的类型、发布时间、创建者等。如 3.2.2 节中介绍，信息发布者也可以在正文中添加自定义的“用户标签”，以方便社区成员更快地定位到此信息。

除了使用“搜索”图标🔍进行查找外，3DSearch 还为我们提供了更多的搜索模式，如通过“高级搜索”能更加精准地过滤搜索条件，得到范围更加精细的结果。

同时，一些字符平台已做保留或有特殊用途，搜索时需要注意，具体内容见表 3-6。

表 3-6　搜索中的特殊字符

特殊字符	描述
通配符 *	通过通配符搜索，可拓宽搜索条件。如我们输入 tes* 进行搜索时，可以搜索出 test、tests 和 tessellation 等所有含有 tes 字段的内容
问号?	与通配符一样，借助问号也可以拓宽搜索条件
双引号 "	可以使用双引号将关键词括起来以精准搜索对应的短语
反斜杠 \	用于保留字符，如关键词 test? 中包含问号，则应写为 test\?
用户查询语言（User Query Language ,UQL）中的保留字符	平台搜索引擎支持用户查询语言，以下字符将被平台解释为用户查询语言的运算符： 冒号 : 保留用于预定义查询的搜索 加号 + 用于搜索准确的单词。例如，搜索 window 时返回单数和复数形式的结果，而搜索 +window 时仅返回单数形式的结果 减号 - 用于搜索排除的单词（相当于“NOT”运算符） 其他保留字符还包括括号 ()、方括号 []、花括号 {}、等号 =、小于号 <、大于号 >、双引号 "、换行 \n、回车 \r、制表符 \t 等
UQL 运算符和操作数	OR、AND、NOT 等将被视为逻辑表达式运算符。例如：输入（NLS setting）OR（language）会搜索出包含 NLS setting 或 language 字段的所有结果

提示

搜索中文时，应使用双引号来获取准确的字符序列，例如输入“石英”才会匹配包含这些连续字符的对象“石英”。如果不使用双引号，平台将每个汉字视为用 AND 连接的术语，“英石”也会成为匹配的结果。

通过 UQL，可以进行包含逻辑关系的搜索。例如要找出用户“Eric LI”评论过的帖子，只需要在搜索框中输入如下查询语句：

[ds6w:type]:"swym:Post" AND [ds6w:comments]>1 AND " eric li "

有时需要在后续工作中重用搜索结果，或者需要将搜索结果分享给其他成员，针对这些情形，可以将搜索结果固定到仪表板中，以方便实现搜索结果的重用和分享，如图 3-14 所示。

图 3-14　将搜索结果添加到仪表板

3.4　基于文档的协作

企业内外部进行协同工作时，往往会涉及文档的交互，平台通过 3DDrive 提供了多种基于文档的协作方式。

3.4.1　上传和共享文档

类似于云盘，我们可以将本地文档上传至 3DDrive，并按照文件夹的方式来进行组织和管理。

通过 3DDrive 上传文档非常简单，可选中本地目录中的文件或文件夹，将其拖拽至 3DDrive 中相应的位置，或者选择菜单中的“上传文件”或“上传文件夹”，然后浏览到指定的文件或文件夹来上传本地文档，如图 3-15 所示。上传过程中会显示每个文件的上传进度情况。

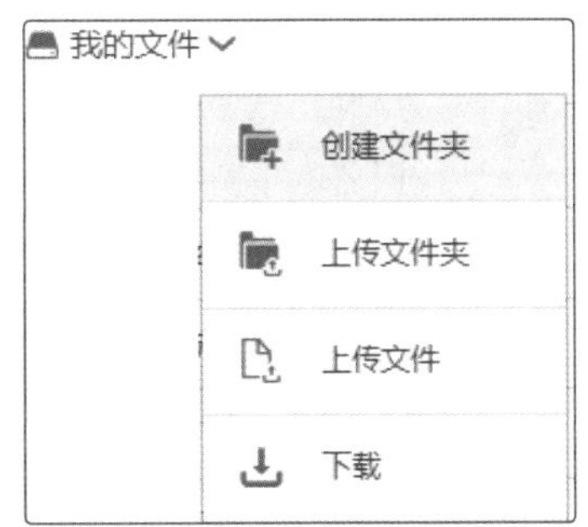

图 3-15　上传文档

上传后的文档，我们可以将其理解为文档对象，即不是一个具体的文件，而是一组文件的集合。当我们对 3DDrive 中的文档进行修改时，平台会自动生成文档的一个历史记录或历史版本。如第 2 章中已介绍的，3DDrive 中的文档对象默认支持 5 个历史版本，每个历史版本默认保存 10 天。

提示

3DDrive 中的文档可以在 3DDrive 中预览，也可以拖拽入 3DPlay 中进行浏览。第 4 章将会详细介绍 3DPlay。

我们可以在 3DDrive 中与其他成员或群组共享文档。选中需要共享的文件或文件夹，而后在成员列表中选择添加成员，在弹出的对话框中输入成员的用户名或者在 User Groups 中定义的群组的名称。同时，我们可以为成员分派“可查看”和“可编辑”两种权限，也可以设置是否允许被分享的用户把该内容再次共享给其他人，如图 3-16 所示。被分享成员将在“与我共享”中看到此共享文件或文件夹。

“可查看”是指被分享成员不能编辑和更新 3DDrive 中的文档对象。当共享的文档被下载到本地，即不受平台的控制，成员可以编辑下载到本地的文档。但如果成员对 3DDrive 中的文档对象仅具有“可查看”权限，成员无法将编辑后的文档上传回 3DDrive 或覆盖 3DDrive 中已有文档。

图 3-16　通过添加成员或组来进行分享

共享文件夹时一定要注意文件夹结构的继承性，即共享了上层（父级）文件夹后，在该父级文件夹中的所有子文件夹及具体文档也将被共享。同时，成员也会继承其在上层文件夹中的“可查看”或“可编辑”权限。根据需要，我们也可以单独设置成员在子文件夹中的权限，例如上层文件夹中是“可查看”，而子文件夹中是“可编辑”。这将为我们进行基于文档的协作带来极大的灵活性。

3.4.2　与本地文档同步

很多时候，我们希望 3DDrive 中的内容可以与本地目录中的内容实时同步更新，这样可以避免手动创建或更新文档，并同时保证 3DDrive 和本地文档的准确。3DEXPERIENCE Drive 就是这样一座桥梁，可以让指定的本地目录中的内容与 3DDrive 流通，实现双向同步更新。无论对哪里的目录或文档进行了操作，另一处的目录或文档也将进行更新。

3DEXPERIENCE Drive 需要单独安装。单击界面左下角的“安装适用于 Windows 的 3DEXPERIENCE Drive”图标 安装适用于 Windows 的 3DEXPERIENCE Drive ，将启动 3DEXPERIENCE 下载程序，如图 3-17 所示。

图 3-17　下载 3DEXPERIENCE 启动程序

安装完成后，单击 Windows 任务栏下侧的 3DEXPERIENCE Drive 图标，然后单击“偏好”设置图标，会出现图 3-18 所示的界面，单击“Change”，可以更改本地 3DEXPERIENCE Drive 的路径。单击图标，我们还可以指定 3DDrive 中与本地 3DEXPERIENCE Drive 同步的文件夹。

Associate to this computer and synchronize

Local folder: C:\Users\Solidworks\3DEXPERIENCE Drive DS - R113210... Change

图 3-18　3DEXPERIENCE Drive 的自定义设置界面

设置完成后，在指定的路径下也会有图 3-19 所示的文件夹。

3DEXPERIENCE Drive DS - R1132101201678　2021/12/26 15:06　文件夹

图 3-19　本地的 3DEXPERIENCE Drive 文件夹

我们可以像访问其他本地目录一样，访问 3DEXPERIENCE Drive 文件夹，并进行相应的操作，包括在其中创建、删除文档或文件夹，或是将其他目录的文档或文件夹复制到 3DEXPERIENCE Drive 文件夹等。对本地 3DEXPERIENCE Drive 文件夹的所有操作，都会自动同步到平台的 3DDrive 中。

提示

超过 1GB 的文档，应该通过 3DEXPERIENCE Drive 来同步至 3DDrive。

3.5　基于任务的协作

为了让团队协作更加紧密并且可跟踪，协作过程中往往需要创建不同的任务，让团队成员通过完成相关任务来达成协作目标。本节将通过介绍任务协作应用 Collaborative Tasks，向大家展示平台中基于任务的协作方式。

提示

要使用 Collaborative Tasks 应用程序，需要成员具有 Collaborative Industry Innovator 等角色。

从 3D 罗盘启动 Collaborative Tasks 应用程序，在创建界面输入任务的标题，就可以完成任务的创建。进入任务的属性页面，可以编辑任务的属性信息，包括任务标题、描述、任务优先级以及项目成熟度状态等，如图 3-20 所示。为了保证项目的按时推进，还可根据实际情况设置任务的开始时间和结束时间以此来约束任务的时效性。在任务的属性中，还可以上传附件，确保协作成员可以第一时间拿到准确的参考数据并开展工作。在任务人员页面，可以指派任务的受托人。编辑完任务的所有属性信息后，单击“保存”按钮，任务即会发布。受托人将在第一时间接收到此任务的通知。

图 3-20　协作任务的属性

提示

创建任务前，应该在 Collaborative Tasks 应用的“首选项”中，选择合适的凭据。如果是成员相互指派任务，凭据应该选择“Private · 用户名”。在第 4 章我们将对凭据进行详细说明。

Collaborative Tasks 中的任务默认按照状态来显示，分为待办、工作中和已完成 3 种状态，如图 3-21 所示。当需要更新任务状态时，通过拖拽相应的任务项即可完成。另外，也可以按照任务成熟度和到期时间来显示任务。

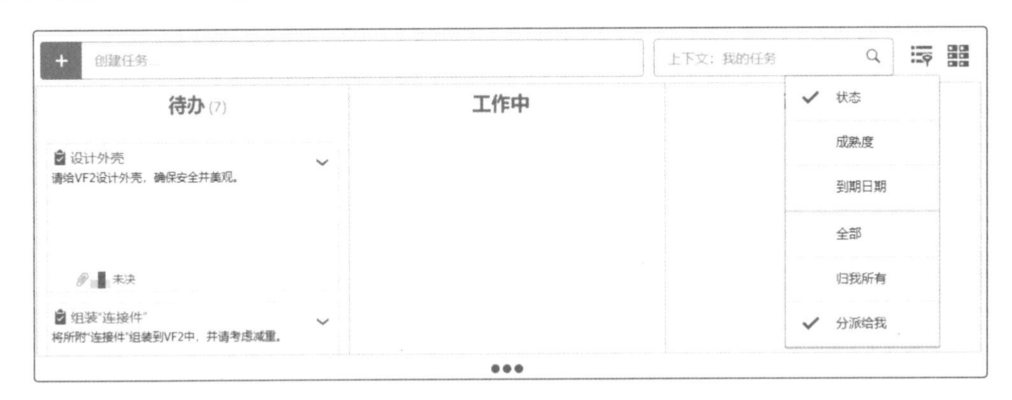

图 3-21　任务的显示方式

在本章中介绍了两种创建任务的方法——WeDo 与 Collaborative Tasks，WeDo 主要用于社区内的简单任务跟踪，Collaborative Tasks 可以用于项目节点相关的任务。

通过 WeDo 布置的任务，受托人也可以在 Collaborative Tasks 应用中看到。单击任务的属性，如果在“父级”与“成熟度”间有“社区”一栏，则可以判定此任务来自社区或对话中的 WeDo，如图 3-22 所示。

图 3-22　Collaborative Tasks 中的 WeDo 任务

3.6　消息通知

团队协作离不开及时的消息通知，以便团队成员及时获知相关信息的更新。平台会针对信息、文档分享等及时发出通知，而且允许我们针对不同应用定义不同的通知类型及通知方式。

单击页面右上角平台工具栏中的通知图标，即可进入通知中心（3DNotification Center），如图 3-23 所示。

图 3-23　通知中心

在通知中心选择“过滤”图标，可以根据消息的时间、内容等进行过滤，快速找到特定的消息通知；选择“首选项”图标，也可以根据消息的“已读”或“未读”进行筛选。平台提供的消息过滤方式如图 3-24 所示。

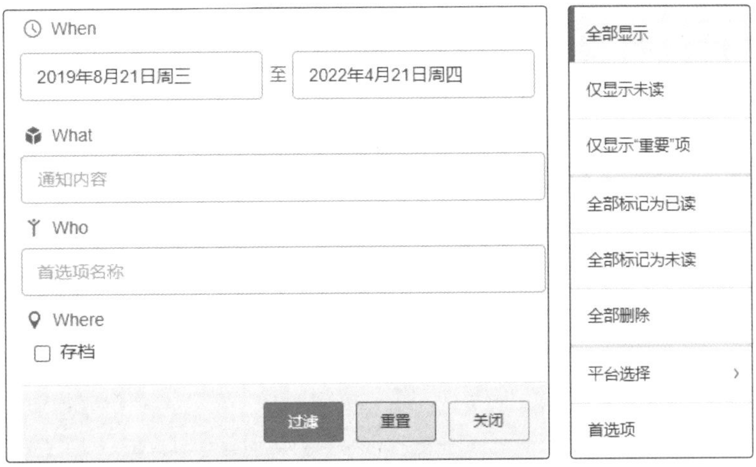

图 3-24　消息过滤方式

在图 3-23 所示的菜单中，我们继续选择“首选项”，再选择相应的应用名称，就可以设置应用有关的消息类型和通知方式，如图 3-25 所示。平台提供的通知方式包括在通知中心显示、警报通知、邮件提醒和浏览器中通知等。我们可以根据需要选择一种或多种通知方式，以确保第一时间获得通知。

提示

“通知首选项”中显示的应用类别与成员拥有的角色有关。

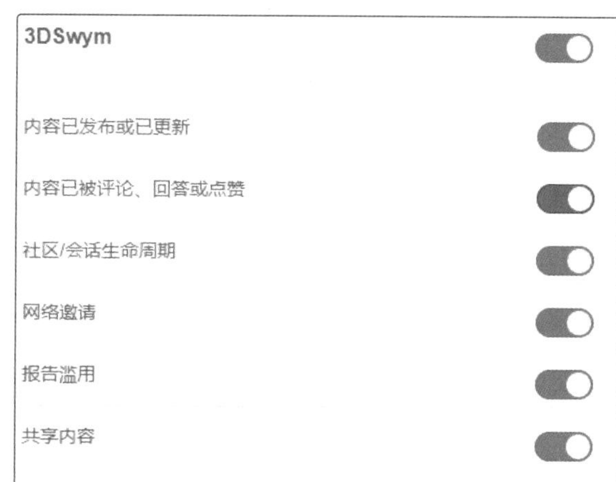

图 3-25 设置消息类型和通知方式

3.7 总结

不同于已有的工程领域各类管理系统，平台更关注数据背后的创建者和使用者——团队成员，强调“人”与“人”的连接。因此，平台为我们提供了功能强大的协作环境，让产品生命周期中各环节的人员，都将可以在平台内，基于及时、准确的信息进行高效的协作。

扫码看视频

第4章 开启基于数据的协同

学习目标

1）理解数据的存储与组织方式。
2）使用 Bookmark Editor 组织数据。
3）使用 Design With SOLIDWORKS 保存数据。
4）使用 3DPlay 浏览数据。
5）使用 Relations 查看数据间的关系。
6）理解数据的访问与操作权限。

从产品开发、生产制造到市场宣传和产品交付，在整个产品生命周期内，我们需要使用不同应用创建大量不同类别的数据，以在不同阶段、从不同方面准确地表达和描述产品。这些数据包括产品的三维结构模型、三维外观模型、二维图纸、电气原理、电子设计原理、仿真模型、加工和工艺资源、渲染图像等与产品有关的数据，还包括任务、变更、问题（Issue）、流程等与管理有关的数据。由于设计迭代或客户需求的变化，前述数据还会衍生出不同的状态或不同的版本。平台可以有效地将所有这些繁杂的数据组织、关联起来，成为我们访问数据的单一源头，让我们可以基于正确的数据展开协同工作。

本章将以 SOLIDWORKS 数据为基础，探讨数据的存储、保存、组织、浏览、关联关系及成熟度等与数据有关的基本概念和操作，帮助我们在平台内开启基于数据的协同。

4.1 数据存储

合作区是平台中的数据存储空间。相对于第 3 章已学习过的 3DDrive，合作区不仅可以存储文档，而且支持更多类型的数据对象，并且支持数据对象的版本、成熟度等生命周期特性。另外，合作区也有不同的类型，在其中也可以定义不同身份的成员。合作区的这些特点组合在一起，可以实现灵活的数据生命周期管控，因此合作区是我们在平台上进行数据协同的基础。

4.1.1 创建合作区并添加成员

平台提供了一个名为 Common Space 的合作区，按照其默认设置（见图 2-40），所有成员都可以查看并使用 Common Space。除了 Common Space，通常还需要创建服务于特定项目的合作区。

在第 2 章，我们已学习了管理员如何创建和管理合作区。如果我们拥有创建合作区的权限，也可以通过 3DSpace 应用来创建合作区，并将站点其他成员加入合作区，以开展协同工作。

说明：3DSpace 应用属于 Collaborative Industry Innovator 角色。除 4.3 节和 4.4 节中的 3DPlay，本章介绍的其他应用，均属于 Collaborative Industry Innovator 角色。

如果管理员分配了权限，从 3D 罗盘启动 3DSpace 应用后，直接单击 3DSpace 中“我的协作区”右侧的下拉按钮，就可以看到“新建协作区”命令。选择新建命令后，在弹出的对话框中输入标题和描述，并设置大规模系列和可见性，即可完成合作区的创建，如图 4-1 所示。

图 4-1　新建合作区

说明：界面中 Collaborative Space 有“合作区”和“协作区”两种不同描述，除引用界面菜单或命令，本书统一采用“合作区”这一描述。

“创建协作区”窗口中的“大规模系列”包含两个选项，分别为设计与标准。两者从数据存储角度没有区别，差异主要体现在业务逻辑方面。设计合作区中的数据可以引用标准合作区中的数据，而标准合作区中的数据不能引用设计合作区中的数据。多数情况下，我们应该选择设计，除非合作区仅用于管理公用件或标准紧固件等。

类似第 3 章的社区，合作区也有不同的可见性，包括私人、受保护及公共。合作区的可见性与数据成熟度（4.6 节将详细介绍）及成员身份，将直接影响站点成员对合作区内数据的访问和操作。不同可见性的合作区中，数据访问的差别见表 4-1。其中，可见是指对包括非当前合作区成员的所有站点成员都可见，不可见是指对非当前合作区的成员不可见。

表 4-1　不同合作区中数据可见性的区别

合作区的类型	数据成熟度				
	私有	工作中	冻结	已发布	作废
公共	不可见	可见	可见	可见	可见
受保护	不可见	不可见	不可见	可见	可见
私人	不可见	不可见	不可见	不可见	不可见

从表 4-1 中我们可以看到，对于公共合作区，除成熟度为私人的数据，合作区中所有数据

对不同合作区的所有成员都可见。对于受保护合作区，仅成熟度处于已发布及作废状态的数据对所有成员可见。对于私人合作区，仅当前合作区中的成员可以访问，其他合作区的成员不可见。

注意：如果合作区的“大规模系列”选择“标准”，则“可见性”仅有“公共”可以选择，即所有成员都可以访问和使用。

合作区的创建者将成为合作区的所有者。作为合作区的所有者，可以邀请平台内的其他用户加入合作区。合作区中的成员有多种不同的身份，包括阅读者、供稿人、创作者（Author）、领导者（Leader）、负责人和所有者（Leader & Owner）及所有者等。“添加成员”对话框中显示的类型与管理员设置的“责任可用性”有关。按照第 2 章中的建议设置（见图 2-40），不激活“阅读者”“公共阅读者”及“有限责任”，同时将“领导者”与“所有者”关联。“添加成员”对话框如图 4-2 所示。

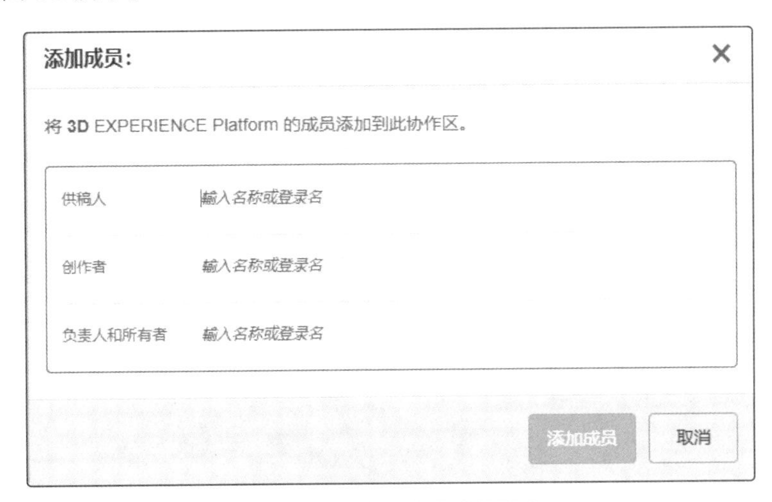

图 4-2　“添加成员”对话框

阅读者仅可以浏览合作区中的数据。供稿人除了可以浏览合作区中的数据外，还可以基于合作区的数据创建书签（Bookmark）、标记（Markup）及问题等管理对象，但供稿人不能在合作区中创建或修改数据对象，如保存或修订 SOLIDWORKS 数据。创作者拥有供稿人的权限，同时可以创建和修改数据。负责人和所有者承担更多合作区数据管理的职责，包括发布数据、更改数据的所有者等。4.6 节将对成员的数据操作权限进行详细介绍。

通过以上介绍，我们可以看到合作区中阅读者和供稿人在数据编辑方面的限制，以及负责人和所有者的特殊权限。因此，除非特别需要，创作者是最常赋予成员的身份。

提示

Common Space 的可见性为私人，除平台管理员外，其他成员在 Common Space 的默认身份为创作者。

所有者作为合作区中的管理者，一个重要职责是调整成员的身份以及添加、移除成员等。所有者可以在3DSpace应用中搜索特定成员进行调整，也可以通过“高级”图标统一调整或管理合作区中的成员，如图4-3所示。

图4-3　合作区中的成员管理

4.1.2　向合作区导入数据

通过3DSpace应用菜单中的“添加内容”图标，合作区的创作者或负责人就可以将本地数据导入合作区，如图4-4所示。

图4-4　向合作区添加内容

并不是所有文件格式都可以直接导入，合作区支持的文件格式见表4-2。

表4-2　合作区支持的文件格式

类型	文件扩展名
图片	jpg, jpeg, png, gif, tif, tiff, bmp, svg
视频	flv, avi, mov, wmv, mpg, mpeg, mp4, m4v, rm, webm, mkv
音频	mp3, wav, aac, m4a, wma, ra, ogg
三维模型	3dxml, stp, step, stpz, ifc, smg, ifczip, omf, rvt, rfa, stl
文档	doc, docx, ppt, pptx, pps, ppsx, xls, xlsx, xlsm, pdf, zip, txt, csv, GeoJSON（json 或 geojson），PGDB（mdb），CityGML（xml 或 gml），KML

提示

通过 Bookmark Editor，我们可以将更多类型的文件上传至合作区。

平台中所有类型的数据都保存在合作区中。除文档和 SOLIDWORKS 等工程数据外，包括第 3 章介绍的任务、随后将介绍的书签，以及第 5 章介绍的更改操作（Change Action）、问题及审批流程（Route）等都将作为数据存储于合作区。除非特别说明，本章中的数据主要是指 SOLIDWORKS 数据。

提示

3DSpace 应用主要帮助我们管理和查看合作区，该应用中列出了我们创建的或是被添加为其成员的合作区。

3DSpace 应用中列出的各个合作区中显示的数据，不是我们可以查看的所有平台数据。比如，根据表 4-1 可知，对于公共合作区，即便我们未被邀请成为其成员，未显示在我们的 3DSpace 应用中，但对于其中处于工作中状态的数据，我们同样可以搜索查看。

4.2　数据组织

Windows 系统中文档保存在文件夹中，而后以层级结构管理文件夹。这种方式简单，但由于将文档的存储与组织绑定在一起，因而缺乏灵活性，无法满足团队协作的不同要求。

平台将数据存储与组织分开，数据存储在合作区中，同时平台有单独的数据查找和组织方式。我们可以利用第 3 章介绍的搜索和 6WTags 快速定位到数据，更可以使用 Bookmark Editor 创建和管理数据的层次结构，以适合项目需要的逻辑方式组织数据。

Bookmark Editor 组织数据的方式类似于浏览器中的收藏夹管理网页或网站的方式（从英文名称也可以看出，两者对应的英文均为 Bookmark）。在浏览器的收藏夹中，我们保存的是指向网页的链接。不同的用户对网页可能有不同的偏好，因而对网页可能有不同的组织方式。在 Bookmark Editor 中也一样，在这里，平台管理的也不是实际的数据，而是指向数据的链接。同样也意味着，不同成员对同一数据可以有不同的组织方式，即同一数据可以被关联至不同的书签。平台中这种数据存储和组织方式，为我们使用和管理数据带来极大的灵活性。

4.2.1　创建书签

书签也可以理解为一个数据对象。当我们在 Bookmark Editor 中创建书签时，在相应的合作区中，会产生一个书签对象。由于我们可能有多个合作区，并且拥有不同的身份和权限，所以在创建新书签前需要确认我们是否有相应的权限来创建书签，并且书签被创建在了期望的合作区内。

说明：合作区及其中成员身份的组合称为凭据。凭据中还可以包含组织，组织可以让我们的权限控制更加灵活。本书不涉及组织。

在主要应用中，凭据都将决定我们在应用中可以进行的操作。因此，我们在使用不同应用前，需要首先确认凭据。

在 Bookmark Editor 应用的右上角处，单击下拉按钮 ，而后选择“首选项”进行凭据的设置，如图 4-5 所示。要在某一个合作区中创建书签，我们必须具有供稿人及更高的权限，如创作者或领导等。

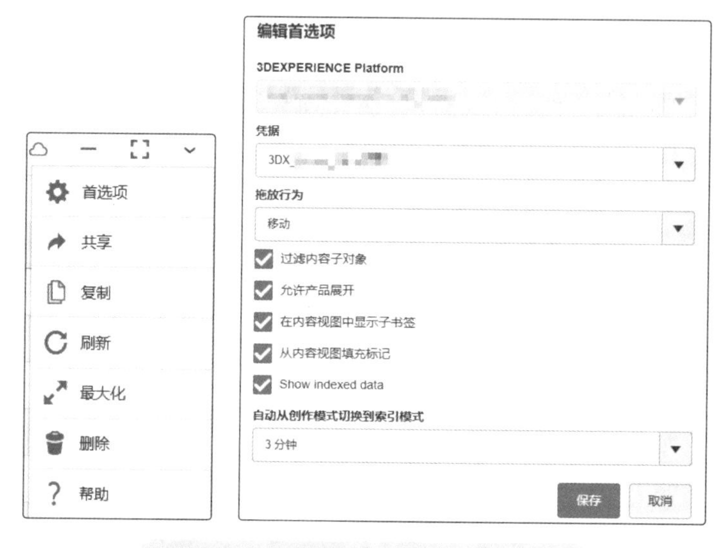

图 4-5　Bookmark Editor 应用的首选项

除凭据外，在“首选项”对话框中，我们还可以设置“拖放行为”，即在书签间拖动数据时，是改变数据关联的书签，还是再次关联一个新的书签。另外，在“首选项”对话框中，我们还可以设置书签中数据的显示方式，主要包括父级、子级对象都在书签中时，子级对象是否显示，以及包含子级的父级对象是否可以在书签中展开等。

确认凭据等的设定后，我们就可以通过菜单中的“新建书签”命令 来创建书签。如前面介绍，书签支持层级关系，要在父级书签下创建子级书签，应确保在创建前已选中父级书签。或通过右击父级书签，使用快捷菜单中的“新建书签”命令来创建，如图 4-6 所示。

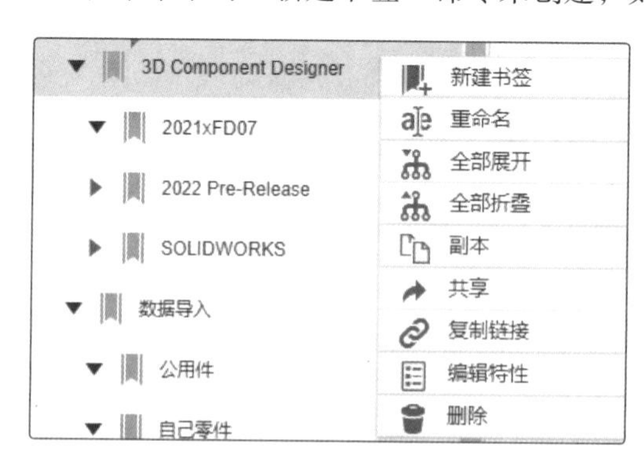

图 4-6　创建子级书签

4.2.2　在书签中操作数据

1. 添加数据

打开或进入已创建的书签后，我们可以使用“添加现有文件”图标＋，通过搜索的方式找

到并添加期望的数据对象，如图 4-7 所示。另外，我们也可以将合作区或其他应用中的数据对象直接拖动到书签下。

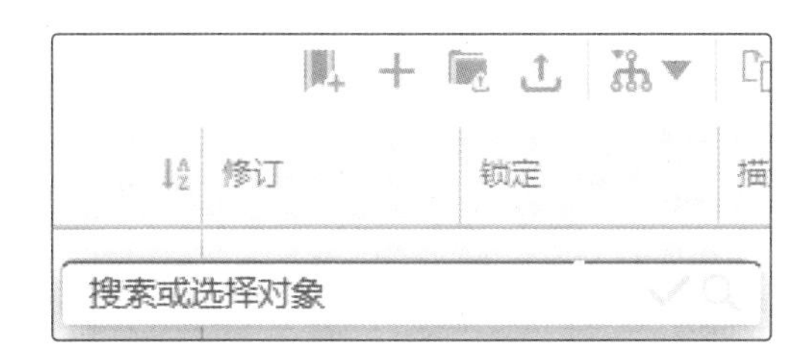

图 4-7　向书签添加已有数据

如果数据还未存储在合作区中，我们也可以在 Bookmark Editor 中通过“上传”命令，直接上传本地的文件。

如果我们拥有 Collaborative Designer for SOLIDWORKS 角色，也可以在保存 SOLIDWORKS 数据时，直接将数据添加到相应书签下（详情将在下一节中介绍）。

提示

如前文介绍，无论使用哪种方式将数据添加到书签下，数据存储的位置都没有变化，数据始终保存在合作区中，我们在书签中添加的只是关联到数据的链接。

2. 查找数据

当书签下添加的数据不断增多，我们可以借助第 3 章介绍的搜索和 6WTags 快速定位到期望的数据。由于我们只是在当前书签下查找数据，不是搜索整个站点中的数据，因此搜索前，要将应用窗口最大化，并在搜索菜单中选择“在当前选项卡中搜索更新”，如图 4-8 所示。

图 4-8　在当前选项卡中搜索

通过 Bookmark Editor 应用菜单中的“搜索”命令，同样可以实现在当前书签下查找数据。

我们也可以使用 6WTags，对书签下的数据进行筛选、过滤，以快速定位到我们要查找的数据。部分常用的 6WTags 见表 4-3。

表 4-3　部分常用的 6WTags

类别	举例
What	成熟度状态、类型、内容结构、文件类型、协作策略
Where	合作区、社区、书签
Who	发起者、上次修改者、所有者
When	创建日期、修改日期
How	可加工、可制造
Why	问题管理

3. 移除数据

通过“移除”图标⊖，我们可以将数据从当前书签下移除。移除后，数据仍存储在合作区中，只是断开了与书签的连接，不再显示在当前书签下。Bookmark Editor 应用中同样有“删除”命令，“删除”命令将把数据从合作区中彻底删除。

4.2.3　基于书签的协作

书签作为数据对象，同样有自己的成熟度状态。书签创建后，默认为草稿状态，仅有自己，以及合作区的负责人和所有者可见。此时，可以通过“共享”图标将其共享给其他合作区成员，如图 4-9 所示。其中，“可编辑”代表被共享的成员可以向书签添加数据或移除数据，“可管理”表示其可以管理书签对象的所有权和进一步共享书签。

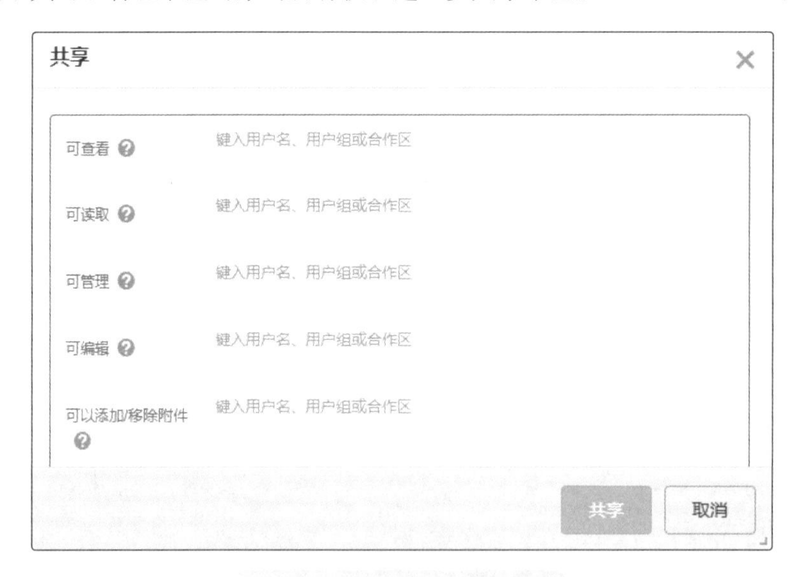

图 4-9　共享草稿状态的书签

通过上述方式，书签同样可以共享给非当前合作区的成员。即如果某用户不是书签对象所在合作区的成员，我们也可以通过图 4-9 所示的方式，将书签共享给此用户。这可以帮助我们实现一些特定的协作场景，比如我们不希望用户调整或编辑书签的层次结构，但需要用户编辑书签中的数据。

如果书签状态升级为工作中，则书签对象所在合作区中的所有成员都可以看到，而且所有作者都可以编辑书签并向其中添加数据。

提示

如前面介绍，拥有 Collaborative Industry Innovator 角色的站点成员默认都是 Common Space 中的作者，当创建的书签处于工作中状态，站点成员都将可以在 Bookmark Editor 应用中看到并编辑该书签。因此，应该慎重在 Common Space 中创建书签等数据。

4.3　SOLIDWORKS 数据的保存

通过 Bookmark Editor，我们可以将 SOLIDWORKS 文件以数据形式导入合作区。要将 SOLIDWORKS 文件以数据形式保存入平台，我们必须要有 Collaborative Designer for SOLIDWORKS 角色。

Collaborative Designer for SOLIDWORKS 角色中的 Design with SOLIDWORKS 应用，可以帮助我们建立桌面 SOLIDWORKS CAD 应用与平台的连接，让我们可以将模型、属性及 BOM（物料清单）等完整信息保存入平台，并且让我们可以在桌面 SOLIDWORKS 的任务窗格中直接访问平台中的各个应用，无须切换至浏览器界面。

首次使用 Design with SOLIDWORKS 前，我们需要先在本地进行安装。类似第 3 章的 3DEXPERIENCE Drive，安装程序将从平台自动下载。

提示

安装 Design with SOLIDWORKS 不会自动安装桌面 SOLIDWORKS，因此安装前，请确认本地已安装了恰当版本的桌面 SOLIDWORKS 应用。

4.3.1　在桌面 SOLIDWORKS 中访问平台

安装完成后，类似平台中的其他应用，我们可以从 3D 罗盘中启动，也可以创建桌面快捷方式，以后通过快捷方式来启动 Design with SOLIDWORKS 应用，如图 4-10 所示。或者我们也可以直接从本地启动桌面 SOLIDWORKS CAD，而后再登入。

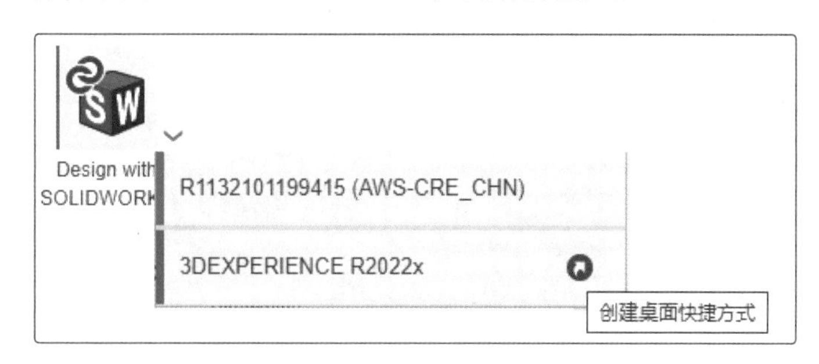

图 4-10　在 3D 罗盘中访问 Design with SOLIDWORKS

我们打开桌面 SOLIDWORKS，可以看到在右侧的任务窗格中增加了“3DEXPERIENCE”选项卡（以下称为 MySession 窗格）。另外，在桌面 SOLIDWORKS 的插件中，也会增加

"3DEXPERIENCE"插件，如图 4-11 所示。如果取消勾选该插件，我们将无法在桌面 SOLIDWORKS 中访问平台。

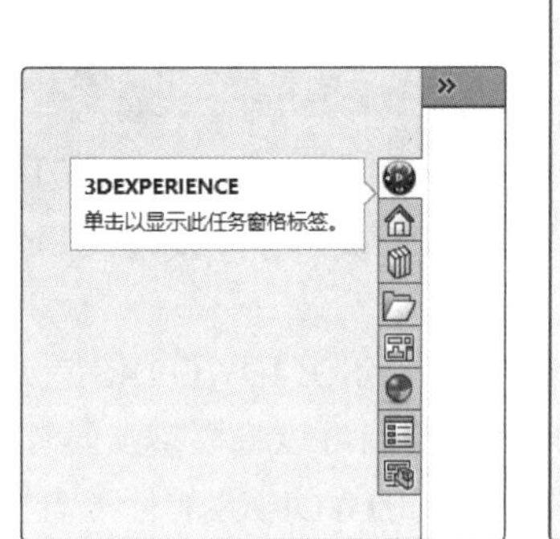

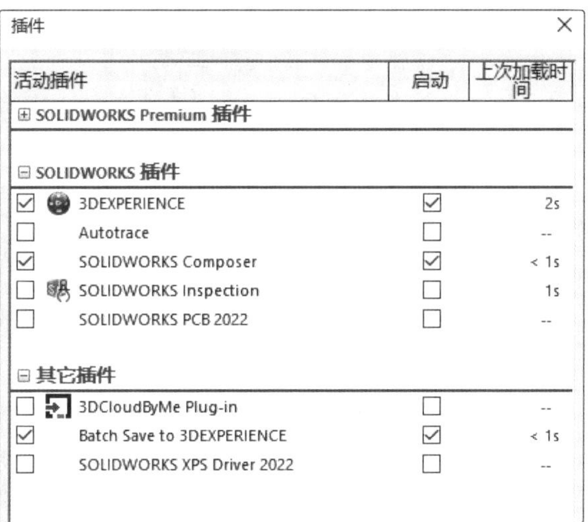

图 4-11　桌面 SOLIDWORKS 中的"3DEXPERIENCE"插件

> 说明：如果管理员为成员在附加应用程序中添加了"SOLIDWORKS Add-in"（见图 2-11），用户在 3D 罗盘中搜索"SOLIDWORKS"，也将看到 SOLIDWORKS Add-in 。当用户拥有 Collaborative Designer for SOLIDWORKS 角色，SOLIDWORKS Add-in 与 Design with SOLIDWORKS 功能一样。

调整 MySession 窗格的大小，以显示 MySession 窗格中的所有内容，如图 4-12 所示。可以看到，MySession 窗格上部的布局与网页中平台的界面一样，左侧是 3D 罗盘，中间是搜索栏，右侧是个人信息、消息通知及帮助等。MySession 窗格中部是数据显示区域，下部是相关操作命令。

图 4-12　MySession 窗格

单击 MySession 窗格中的 3D 罗盘，我们就可以访问平台中的应用，比如上一节介绍的 Bookmark Editor 应用，如图 4-13 所示，并可以像在网页端一样进行操作，这为我们在桌面 SOLIDWORKS 中进行基于数据的协同提供了极大的方便。

同时，我们可以通过 MySession 菜单，在应用与 MySession 间进行切换。

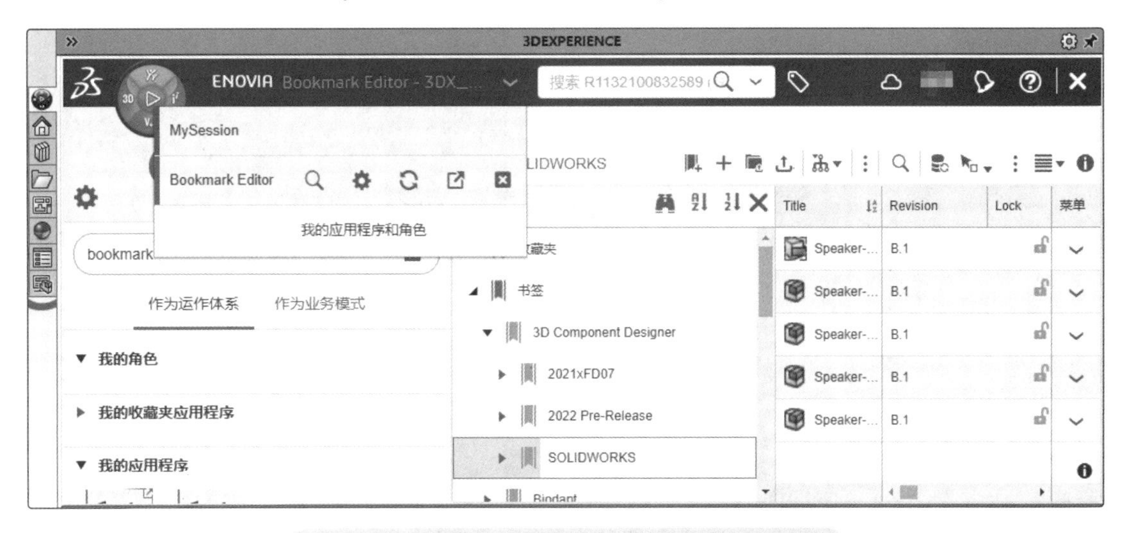

图 4-13　在 MySession 窗格中访问平台中的应用

4.3.2　保存数据

保存数据前，我们首先需要在 MySession 菜单的“首选项”命令 ⚙ 中，确认数据将要保存在正确的合作区，并且我们使用了合适的身份，如图 4-14 所示。如 4.1 节介绍，向合作区保存数据，我们必须具有作者及领导者的身份。

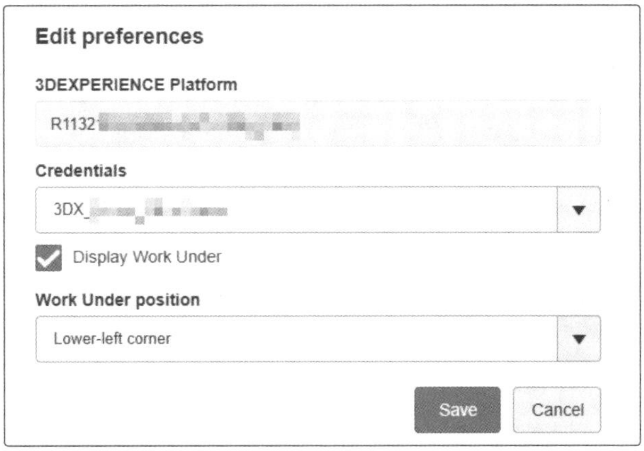

图 4-14　确认凭据

单击底部命令栏中“工具”选项卡的“选项”图标 ⚙，如图 4-15 所示，我们可以看到更多有关保存的设置，如图 4-16 所示。除非特别需要，建议采用默认设置，即在保存 SOLIDWORKS 数据时，不向平台中保存 SOLIDWORKS 模型的外观颜色等图形属性和重量及平衡信息。保存的数据将自动复制到 My Works 文件夹（后面小节会详细介绍）。同时在 MySession 中，如果进行数据修订，MySession 将显示最新的版本。

图 4-15　MySession 窗格的底部工具条

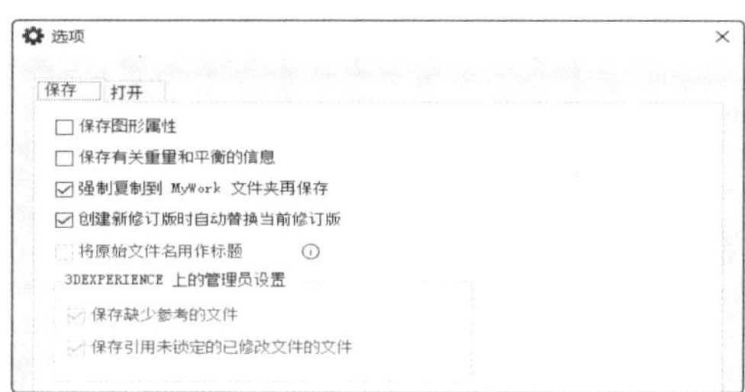

图 4-16　保存与打开选项

说明：“我的工作”或“My Work”文件夹是本地缓存目录，联机状态下，平台会检查此文件夹中数据是否为最新版本。如果文件夹中已经有最新版本数据，当我们从平台打开数据时，平台将直接使用文件夹中的数据，避免重复下载。

除进入文件夹外，我们通过任务窗格中的“此 PC 上的 3DEXPERIENCE 文件”图标（见图 4-11），也可以查看和管理文件夹中的数据。

说明：如果需要进行更多保存设置，可以请管理员在“Collaborative Spaces Configuration Center”选项卡的“CAD 协作”中进行调整。

说明：图 4-16 中“打开”选项卡的设定可以影响我们从平台中打开 SOLIDWORKS 数据的操作，包括打开数据后是否自动刷新 MySession 窗格，装配体中包含同一零部件的多个版本是否给出警告（默认选中），以及是否弹出 SOLIDWORKS 的“打开模式”对话框（默认选中）。

确认设置后，我们即可以开始保存数据。当我们打开本地 SOLIDWORKS 文件或新建文件时，MySession 窗格的数据区域会列出 SOLIDWORKS 数据的相关信息，如图 4-17 所示。

图 4-17　MySession 窗格中的数据信息

MySession 窗格中各列下的图标可以帮助我们了解相关数据的类型以及在合作区中的状态。“部件名称”列中的图标表示的是 SOLIDWORKS 数据的类型，不同图标对应的类型见表 4-4。

表 4-4　“部件名称”列图标汇总

图标	对应的类型说明
	装配体
	零部件
	虚拟零部件
	工程图

“状态”列中的图标表示的是数据的保存状态，不同图标对应的状态见表 4-5。

表 4-5　“状态”列图标汇总

图标	对应的状态说明
	新建的 SOLIDWORKS 文件，或是进行了修改，但尚未在本地和平台保存，需要进行保存
	已在本地保存或从本地打开的文件，但还未保存到平台中，需要保存至平台
	平台中的数据已经更新，但本地是过期的，未更新，需要从平台重新加载（使用 ）以进行更新
	文件已经保存到平台中，且从平台中打开后并未进行修改

要将从本地打开的 SOLIDWORKS 文件保存到平台中，我们不能使用桌面 SOLIDWORKS 菜单中的“保存”命令或快捷键 <Ctrl+S>，这样只能将文件在本地目录中保存。我们需要通过 MySession 窗格中鼠标右键的快捷菜单中的命令或者其底部工具栏中的“保存活动窗口”图标 进行上传保存。

在 MySession 窗格中右击“部件名称”，在出现的快捷菜单中，我们可以看到两种保存方式——“保存” 和“通过选项保存” 。首次保存时，我们常用“通过选项保存”，可以在“保存到 3DEXPERIENCE”对话框中进行必要的设置并对所保存的数据进行确认（见图 4-18）。数据再次保存时，我们就可以使用“保存”。选择“保存”，不会弹出“保存到 3DEXPERIENCE”对话框，可以节省保存时间。

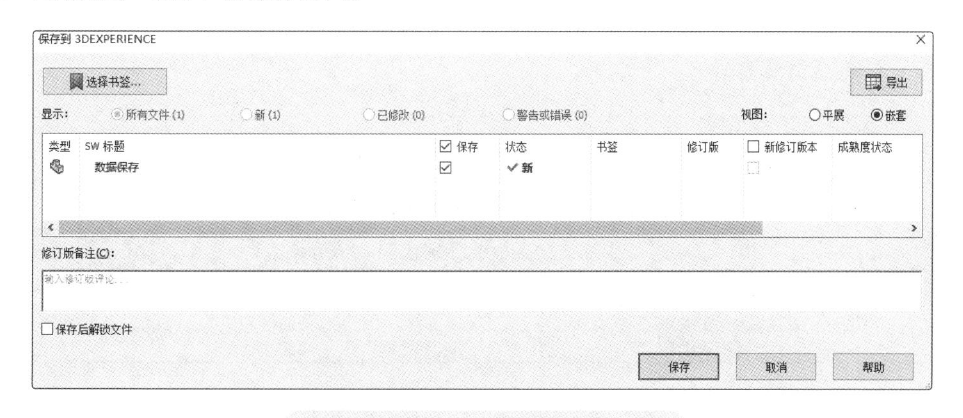

图 4-18　保存到 3DEXPERIENCE

提示

当数据存在警告信息或是修改的数据未锁定，单击“保存”也会弹出“保存到3DEXPERIENCE”对话框。

在“保存到3DEXPERIENCE”对话框中，我们可以为数据创建书签或关联到已有书签，并输入“修订版备注”等信息。

数据首次保存时，根据图4-16所示的设置，平台还会提示我们数据将首先被复制到“我的工作”文件夹。

保存完成后，MySession窗格中的信息会随之更新，不仅状态显示为，而且锁定状态、修订版、成熟度状态、名称、合作区及类型等都会更新，如图4-19所示。

图4-19 保存完成

MySession窗格中“状态”列的右侧是数据的锁定状态。当我们需要对合作区中的数据进行编辑时，我们应该首先锁定数据，确保合作区中的其他成员不能同时对数据进行修改，以保证基于数据协作的可靠性，避免由于未及时锁定，造成更改未能保存，导致不必要的返工。

提示

我们可以通过MySession菜单中的“刷新”命令来更新MySession窗格中的显示，以了解最新的数据状态。

“锁定状态”列不同图标的说明见表4-6。

表4-6 “锁定状态”列不同图标的说明

图标	说明
	由当前用户锁定并获得了该数据的编辑权，其他用户将无法编辑
	数据已经被其他用户锁定，当前用户仅有只读权限，不能编辑
	数据尚未被任何人锁定

如果需要将大量的 SOLIDWORKS 文件保存到平台，我们可以直接使用“Batch Save to 3DEXPERIENCE”插件（见图 4-11），将文件批量保存到平台中。

在桌面 SOLIDWORKS 未打开任何文件的情况下，我们可以在“工具”菜单栏看到“批量保存到 3DEXPERIENCE”命令，通过该命令，就可以启动“Batch Save to 3DEXPERIENCE”插件，如图 4-20 所示。在“批量保存到 3DEXPERIENCE”对话框中，添加需要上传到合作区中的文件路径，在“目标”列选择需要保存到的合作区，并在“书签”列选择数据需要关联的书签。我们可以一次将多个项目的文件保存到不同的合作区，并关联到不同的书签。

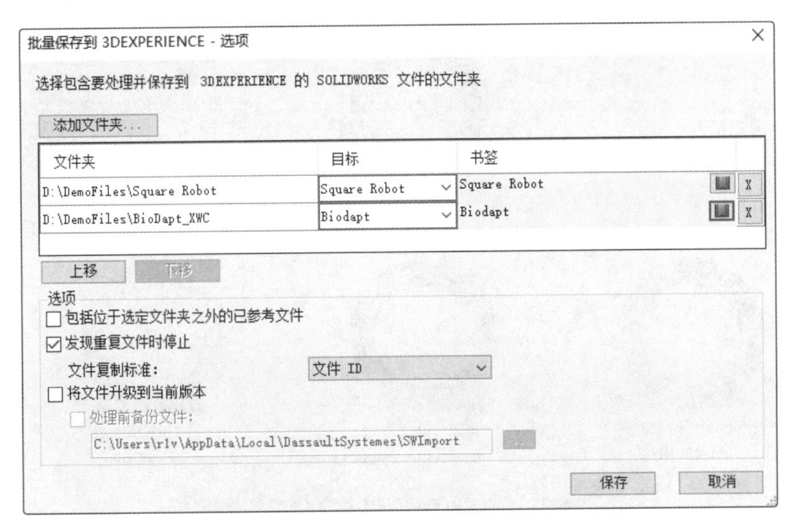

图 4-20　批量保存到 3DEXPERIENCE

“批量保存到 3DEXPERIENCE”对话框中的选项说明见表 4-7。

表 4-7　“批量保存到 3DEXPERIENCE”对话框中的选项说明

选项	说明
包括位于选定文件夹之外的已参考文件	如果文件夹中的数据参考了不在设定路径中的其他 SOLIDWORKS 文件，选择该选项后，这些参考文件也将被保存
发现重复文件时停止	根据所设定的文件重复的标准，当发现存在有相同项目时，停止批量上传操作。文件重复的判定依据包括“文件 ID”“文件名称”或“文件 ID 和文件名称”
将文件升级到当前版本	若上传的文件不是当前 SOLIDWORKS 版本保存的，选择该选项后文件将自动升级到当前版本
处理前备份文件	在指定路径备份保存的文件

批量保存让我们不需要通过大量重复操作来保存数据，可以最大程度地节省将现有数据保存到合作区的时间。

4.3.3　平台中的 SOLIDWORKS 数据结构

一个 SOLIDWORKS 零部件或装配体可以包含多个配置，借助这一特点，我们可以在一个 SOLIDWORKS 零部件中表达一组系列零部件，也可以在一个装配体中表达产品的不同变形。桌面 SOLIDWORKS 的这一特点为我们的设计表达带来了极大的灵活性，但同时也为基于文件的管理带来挑战。

平台以数据为核心，很好地应对了上述挑战。当一个包含多个配置的 SOLIDWORKS 文件被保存入平台，文件中的所有配置将显示为不同的“物理产品”（装配体或零部件的图标不同，见表 4-4），所有的“物理产品”将关联至一个“CAD 系列”（CAD Family，图标为），“CAD 系列”将与原文件对应。平台中，“CAD 系列”的标题对应 SOLIDWORKS 文件的标题，“物理产品”的标题是“CAD 系列”标题后追加的配置名称。如图 4-21 所示，“Inner Hub Flange”文件具有 3 个配置，其在平台中将对应为 4 个对象，包含 1 个“CAD 系列”和 3 个“物理产品”，见表 4-8。

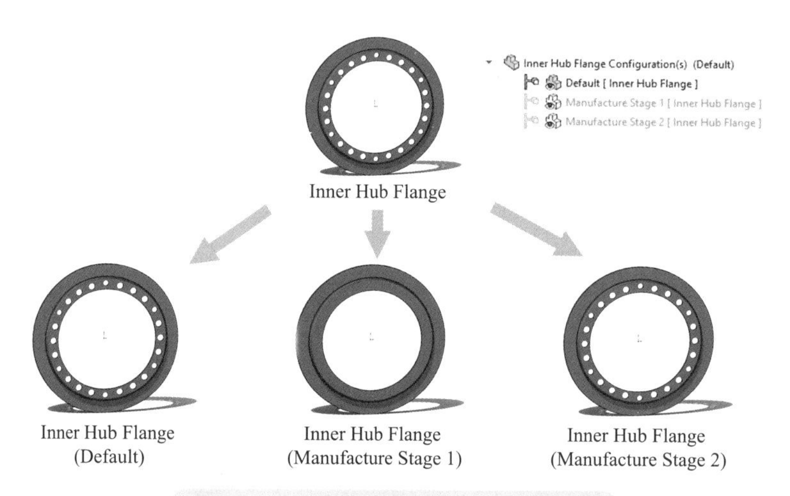

图 4-21　SOLIDWORKS 文件中的配置

表 4-8　平台中的 SOLIDWORKS 数据

类别	对象的标题
CAD 系列	Inner Hub Flange
物理产品	Inner Hub Flange（Default）
	Inner Hub Flange（Manufacture Stage 1）
	Inner Hub Flange（Manufacture Stage 2）

对于多配置的 SOLIDWORKS 零部件，平台中的这种数据结构形式可以帮助用户非常清晰地了解每个配置使用的关联关系。例如，当我们希望知道 Inner Hub Flange 的 Default 配置用在了哪些 SOLIDWORKS 数据中的时候，就可以仅选中 Inner Hub Flange（Default）这个“物理产品”进行查看，而不会看到另外两个配置的关联信息（可通过 Relations 应用查看关联关系，将在 4.5 节介绍）。

虽然平台中 SOLIDWORKS 数据的显示方式发生变化，但是在桌面 SOLIDWORKS 中无论打开“CAD 系列”还是打开“物理产品”，都可以在配置管理器中查看到该文件包含的所有配置，并且可以进行配置切换操作。

平台中的数据操作，包括改变成熟度、修订、锁定及更改所有权等，无论是对“CAD 系列”，还是对“CAD 系列”中的某一个“物理产品”，都将更新到与之关联的所有“物理产品”和“CAD 系列”。比如，我们改变“CAD 系列”的成熟度，“CAD 系列”中所有“物理产品”的成熟度也将改变；改变“CAD 系列”中某一个“物理产品”的成熟度，也将同时更改“CAD 系列”及“CAD 系列”中其他“物理产品”的成熟度。

4.4　数据浏览

如第 3 章已提及，Collaborative Business Innovator 角色下的 3DPlay 应用，是平台最为常用的在线浏览应用，不仅可以浏览 PDF 等文档，还可以让我们方便地查看模型外观、测量几何尺寸以及进行批注等。除了 3DPlay 应用，平台还提供了多种应用，让我们可以从不同角度查看产品数据。Product Explorer 能够以树状图和图形视图的方式显示产品组成，让我们可以从产品结构的视角浏览产品数据，而且相关信息可以导出为 CSV 表格。3D Markup 和 Issue 3D Review 分别可以让我们基于模型数据创建标记说明和问题。

本节将重点说明 3DPlay 应用，第 5 章将介绍其他应用。

我们有多种方式启动 3DPlay 来浏览数据。在合作区中选中需要浏览的模型，在顶部的工具栏上单击“预览”图标，或单击数据右侧的下拉按钮，从下拉菜单中单击“预览”图标来调用 3DPlay，如图 4-22 和图 4-23 所示。我们也可以选中数据，而后从 3D 罗盘中启动 3DPlay，或是直接将数据拖动到仪表板中已有的 3DPlay 应用中。

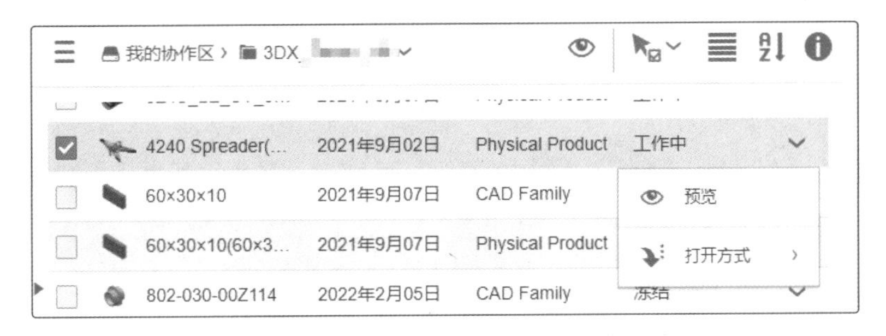

图 4-22　在合作区中预览数据

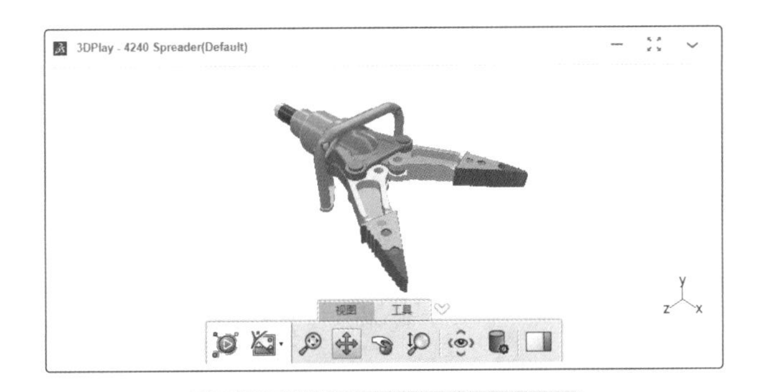

图 4-23　在 3DPlay 中查看数据

在 3DPlay 底部工具栏的“视图”选项卡中，我们可以切换显示样式，查看数据特性，编辑、查看评论等，在“工具”选项卡中，可以隐藏零部件、以爆炸方式查看模型、测量模型尺寸或添加 3D 批注等，如图 4-24 所示。添加批注后，我们还可以直接将当前视图的截图发布到社区，以与团队交流或讨论。

图 4-24　3DPlay 中工具

提示

在 Product Explorer 的 3D Navigate 应用和 3D Markup 应用中提供了更多测量方式。

除基本浏览方式外，我们也可以在 3DPlay 中通过“飞行 / 步行导航方式”浏览大型场景。

4.5 数据关系

数据不是孤立的，数据之间、数据与管理对象之间，存在不同的连接关系。通过 Relations 应用，我们就可以清晰地了解数据的关联关系及关联对象。

我们有多种方式访问 Relations 应用。比如，在 3DPlay 的侧边面板中，切换至“关系”选项卡，即可查看数据关系，如图 4-25 所示。在“关系”选项卡中继续单击“关系”图标，即可打开 Relations 应用，如图 4-26 所示。

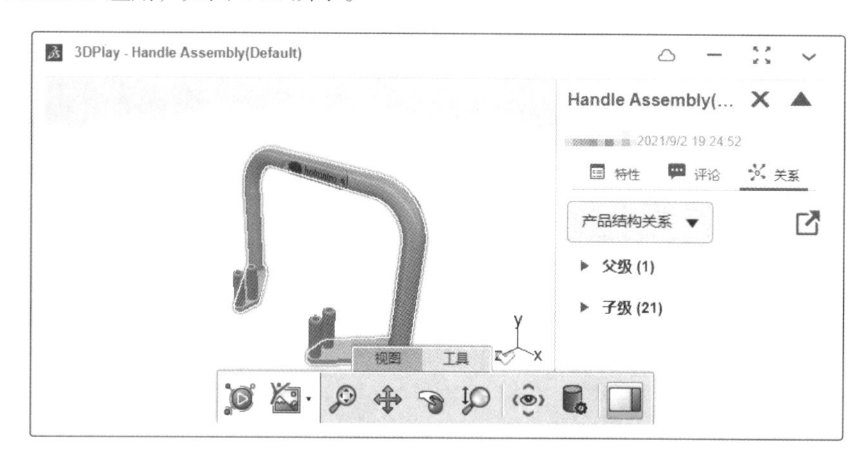

图 4-25　在 3DPlay 中查看数据关系

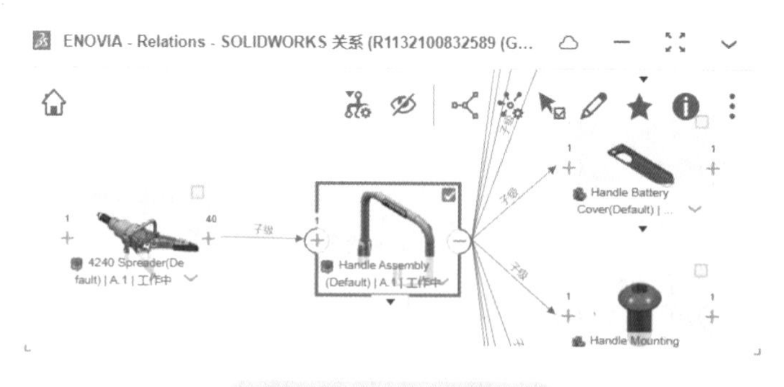

图 4-26　Relations 应用

在其他应用中，如 Bookmark Editor，单击工具栏中的“关系”图标，同样可以打开 Relations 应用。另外，在搜索结果中，右击零部件，在菜单中也可以看到“关系”图标。

注意：Relations 应用不在 3D 罗盘中，为方便使用，可以将其固定在仪表板中。

提示

Relations 应用中显示的是数据的所有引用关系，数据版本之间的迭代关系需要在下节中的 Collaborative Lifecycle 应用中查看。

在 Relations 应用中，数据缩略图的两侧会有一个“加号”图标＋，通过单击“加号”图标，就可以显示当前数据的父级或子级对象。Relations 应用默认会显示所有类型的关联关系，包括与问题对象、分析模型的关系等。如果仅需要查看某一类关系，我们可以通过应用右上角的“自定义关系”图标来指定要显示的关系及关联对象。如图 4-26 所示，目前仅显示了产品结构关系。

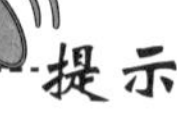

提示

站点管理员可以通过 Relations Control Center 应用来定义关系集和在不同应用中的默认关系集。

4.6　数据的访问及操作

数据创建后，除前面几节已介绍的组织数据、修改数据内容、浏览外，平台还为我们提供了多种数据操作方式，以满足不同的业务要求，包括更改数据的合作区和所有者、创建修订版或分支、更改成熟度等。

本节将以 Collaborative Lifecycle 应用为例，说明对数据的相关操作。

提示

不同身份的成员可以对数据进行的操作，与管理员在“Collaborative Spaces Configuration Center”选项卡中的“访问规则”及“生命周期和协作”中的设置密切相关。如果管理员更改相关设定，操作权限将会不同。如第 2 章中说明，除特别需要，建议采用默认设置。本节中介绍的数据操作权限，也是依据站点中的默认设定。

4.6.1　数据的扩展操作

1. 更改合作区

如 4.1.1 节介绍，由于成员可能在不同的合作区有不同的身份，因而同一成员在不同的合作区对数据会有不同的操作权限。从数据的角度来说，改变数据所属的合作区，成员对数据的操作权限也会不同。

以表 4-9 中的场景为例，当数据（成熟度为工作中，甲、乙均不是数据的所有者）属于工程项目 A 时，站点成员甲作为合作区中的创作者，可以编辑数据，而站点成员乙作为供稿人，只能查看数据。对于同一份数据，其由合作区的工程项目 A 更改至工程项目 B 后，则站点成员乙作为工程项目 B 的创作者，将可以编辑数据，而站点成员甲作为供稿人，将不再能够编辑数据。

表 4-9　更改合作区场景示例

站点成员	合作区	
	工程项目 A	工程项目 B
甲	创作者	供稿人
乙	供稿人	创作者

提示

合作区不是 Windows 系统中的目录或文件夹，更改数据的合作区，不会改变数据之间的引用关系，影响的只是成员对数据的访问和操作权限。

2. 更改所有者

数据的创建者，将成为数据的所有者。以 SOLIDWORKS 数据为例，运行 Design with SOLIDWORKS 将数据保存入平台的成员，将是数据的所有者。数据的所有者将对数据编辑拥有一定的“特权”，如删除自己的私有或工作中状态下的数据，或是将自己的工作中状态下的数据进行“冻结”等。因而，根据业务需要，数据的所有者同样可能需要进行调整。

Collaborative Lifecycle 作为平台中管理数据生命周期和支持数据协作的应用，在其“Collaboration”（协作）选项卡就提供了更改合作区和数据所有者的命令——“移动”命令与“更改所有者”命令，如图 4-27 所示。

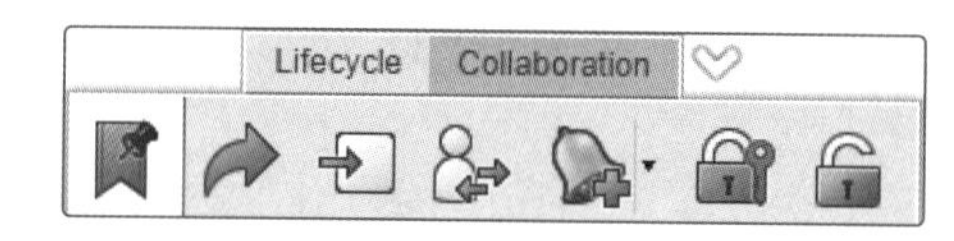

图 4-27　Collaborative Lifecycle 的“Collaboration”选项卡

提示

在“Collaboration”选项卡中，我们同样可以将特定的不可见数据与特定成员共享（使用），类似于 4.2.3 节中的共享书签，被共享成员将可以锁定数据以修改数据内容。同时在这里，我们也可以订阅（使用）对数据的修改，即在数据成熟度或版本发生变化时，及时获得通知。另外，也可以锁定和解锁数据，以防止其他成员修改数据。

3. 创建修订版、分支和复制数据

修订版反映的是数据的更改迭代。修订版与之前版本的数据保持一样的名称，仅是版本号不同。分支是对现有数据的克隆，与之前数据具有不同的名称，并且版本号将重新计算。

提示

数据的名称是数据的唯一标识，根据管理员的设定，可由平台自动生成。

在实际使用中，也要注意区分名称与标题。标题显示在数据属性页面的顶部，并且标题不具有唯一性。

在 Collaborative Lifecycle 的“Lifecycle”选项卡中就有相应的命令——“新修订版”命令和“新分支”命令，如图 4-28 所示。创建新修订版和分支，均要求成员在合作区有作者或更高权限的身份。新修订版必须与原数据在同一个合作区，分支可以根据用户选择的凭据，生成在不同的合作区。执行修订和分支操作的用户，将成为新数据的所有者。

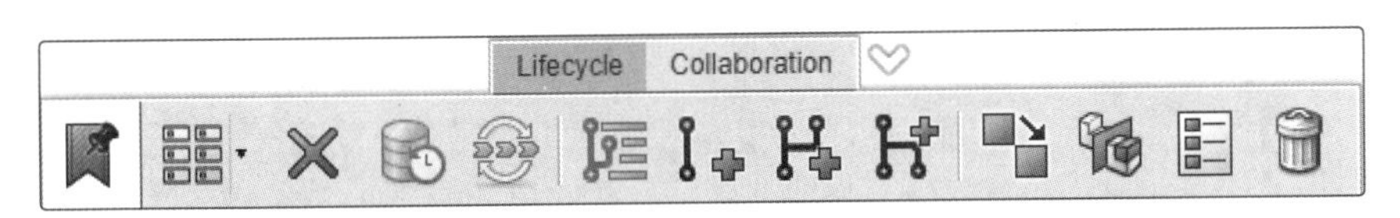

图 4-28　Collaborative Lifecycle 的“Lifecycle”选项卡

同时，在 Collaborative Lifecycle 应用中，我们可以以图形方式查看数据版本及分支间的关系，如图 4-29 所示。图中数据有不同的版本——A.1、B.1 和 C.1，同时又从版本 B.1 派生出了分支。

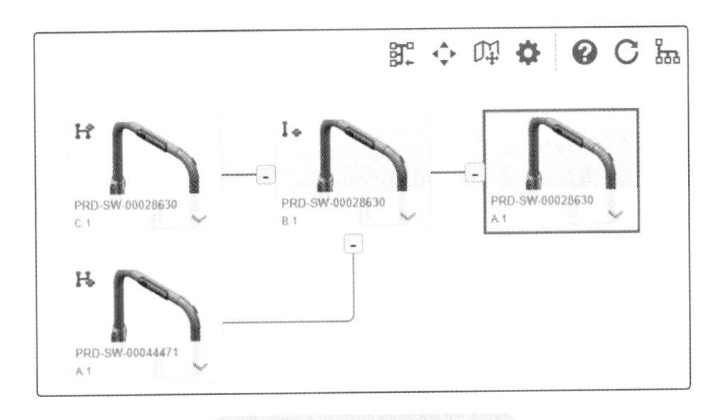

图 4-29　修订版与分支

工具栏中还有“复制”命令。“复制”与“新分支”命令都可以基于原数据产生一个新的数据对象，执行操作的用户都将成为新数据的所有者，但两者在权限、功能及业务逻辑方面有明显区别。“复制”命令不要求用户对当前数据有编辑权限，即如果用户是当前合作区的供稿人，但在其他合作区中具有作者身份，同样可以执行复制操作。“复制”命令提供了更多选项，对于零部件，可以选择结构中每个对象的操作方式，如复制、重用、排除等，如图 4-30 所示。在业务逻辑方面，“新分支”命令产生的数据与原数据保持派生关系（见图 4-29），而“复制”命令产生的数据与原数据不存在关系。

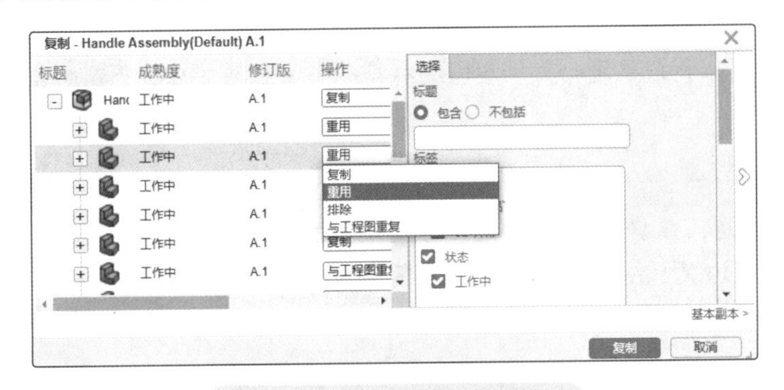

图 4-30　复制数据的高级选项

名称、标题、合作区、所有者及版本等作为数据的关键信息，都属于数据的属性，单击图 4-28 中的“编辑属性”命令即可查看这些信息，如图 4-31 所示。

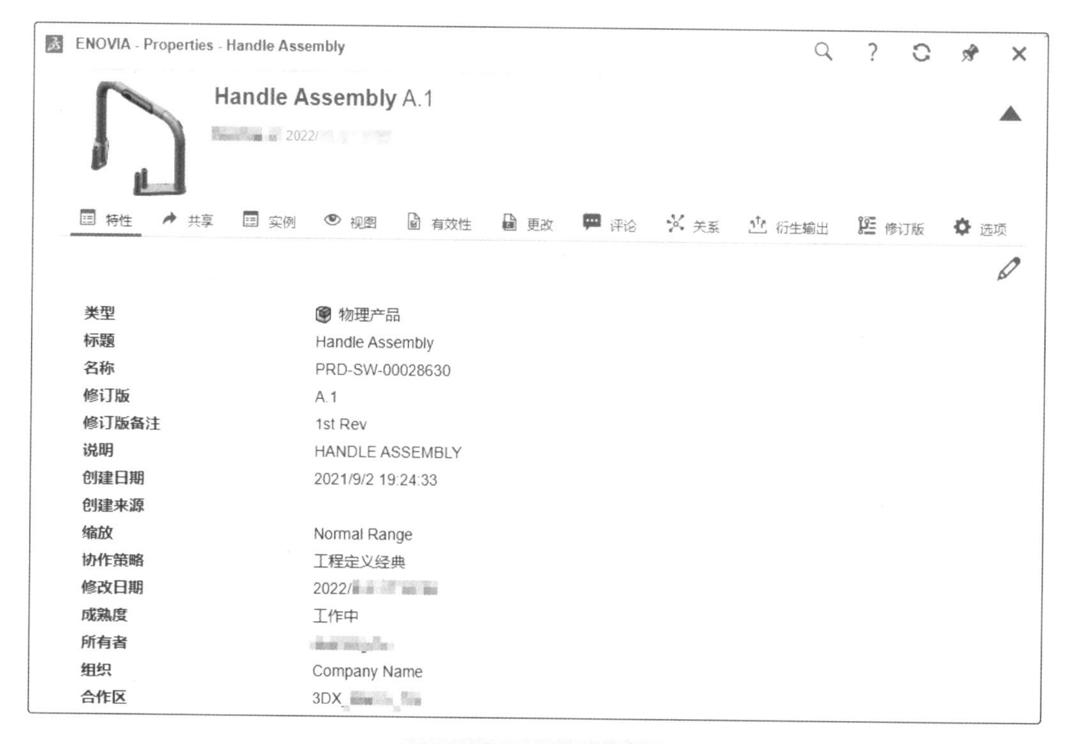

图 4-31　数据的属性页

4.6.2　成熟度

在前面章节中，我们已多次提及成熟度。成熟度表示数据在生命周期中的某一阶段或状态。平台中的数据对象都会有自己的成熟度，并且类型不同，成熟度的定义也会不同。本节主要针对 SOLIDWORKS 数据所对应的“工程定义”成熟度进行说明。

在第 2 章中，我们已介绍了管理员配置成熟度的流程。如图 2-50 所示，成熟度图表由一组状态及状态间的转换关系组成。

在 Collaborative Lifecycle 应用中，我们可以对数据的成熟度进行转换，如图 4-32 所示。当前数据的成熟度处于工作中，此时具有三种转换——使私有、发布和冻结。满足权限要求，单击相应的转换，即可以将成熟度转换到对应的状态。关于权限要求，下文会详细说明。

提示

如第 2 章介绍，数据成熟度的状态名称及转换方向等可由管理员在“Collaborative Spaces Configuration Center”中的“成熟度图表”中设定。对于 SOLIDWORKS 数据，要修改其中“工程定义”的成熟度设定。

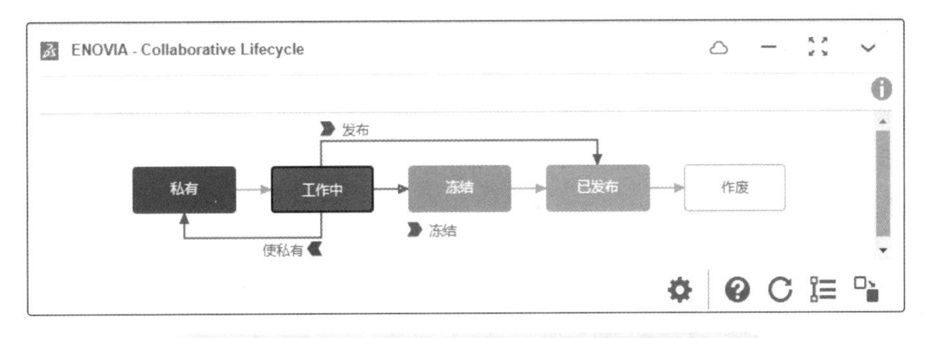

图 4-32　Collaborative Lifecycle 应用中数据的成熟度

不同成熟度对应不同的数据操作权限，其基本应用场景描述如下：如果希望数据仅被数据所有者（创建者）自己查看和编辑，则可以将成熟度切换到私有状态；当希望与团队进行协作，共同编辑数据时，成熟度需设置为工作中，这也是数据保存时的默认状态；数据审核时，成熟度需要转换到冻结状态，这样可以保证合作区中的其他成员能够继续使用该数据，但无法编辑和修改；当审核完成后，就可以将数据成熟度转换为已发布状态，表示数据不会再进行任何修改，对应零部件可以进行生产等后续工作；成熟度转换为作废状态，表示数据不再使用或不再有效。

4.6.3　数据操作权限汇总

成熟度、合作区与成员身份是影响我们对数据访问和操作的三个关键要素，三者中任何一个要素发生变化，我们对数据的访问和操作权限都将发生变化。合作区与成熟度主要影响对数据的访问，这在 4.1.1 节已介绍。本节我们主要说明成熟度和成员身份对数据操作权限的影响。

合作区的各成员身份在不同成熟度下对数据的操作权限见表 4-10。由于合作区的供稿人对数据不能编辑，因此在表格中，我们重点介绍作者及以上身份的操作权限。如前文的说明，不同成员身份对数据可进行的操作，与管理员的设置密切相关。表格中各成员身份的操作权限依据的是平台的默认设定，如果管理员调整设定，可能会有不同。

表 4-10　操作权限汇总

合作区的成员身份	数据成熟度				
	私有	工作中	冻结	已发布	作废
创作者（数据的所有者）	锁定和解锁 更改成熟度至工作中 删除	锁定和解锁 更改成熟度至私有或冻结 删除	更改成熟度至工作中	无编辑权限	无编辑权限
其他创作者	看不到数据	锁定和解锁	无编辑权限	无编辑权限	无编辑权限
负责人	更改所有权 更改合作区	所有编辑操作，包括删除	锁定和解锁 更改成熟度至工作中或已发布 更改所有权 更改合作区	更改所有权 更改合作区	更改所有权 更改合作区
合作区的所有者	锁定和解锁 更改所有权 更改合作区	所有编辑操作，包括删除	与负责人相同	锁定和解锁 更改所有权 更改合作区	锁定和解锁 更改所有权 更改合作区

数据的所有编辑操作包括锁定（以修改数据内容）和解锁（解除其他用户对数据的锁定）、更改成熟度、更改所有权、更改合作区及删除等。另外，需要了解的是，创建修订版和分支将产生新的数据对象，不属于对原数据的编辑。除作废状态，在其他成熟度下，创作者及以上身份的成员都可以创建数据的修订版。在任何成熟度下，满足凭据要求的成员都可以创建分支。

提示

在操作数据前，我们需要在应用的“首选项”中确认是否有相应的权限（即合适的凭据），其次数据未被其他用户锁定。

4.6.4 删除数据

SOLIDWORKS 等工程数据之间存在关联性，为避免异常，这些数据不能直接在合作区删除，我们需要在 Collaborative Lifecycle、Bookmark Editor 等应用中进行删除。

进行删除操作时，首先要符合表 4-10 中的权限要求，其次需要确认数据未被锁定，而后还要确认数据未被任何其他数据引用，包括上一层级的“物理产品”（产品结构角度）或是其他书签（数据组织角度）等。

提示

可以使用 Relations 应用查看数据的引用关系，确定被引用的数据，以便断开关联关系或删除上一级对象。

满足以上规则后，我们就可以在应用中，通过“删除”命令将数据从平台中彻底删除。

对于包含子级零部件的装配体和有多个配置的零部件，删除其对应的“物理产品”与“CAD 系列”的结果会不同。

对于包含子级零部件的装配体，删除“物理产品”时，我们将会看到图 4-33 所示的提示，选择“包括结构对象”，这时将会删除其结构中所有符合前述删除条件的“物理产品”。结构关系属于“物理产品”，因此删除“CAD 系列”时不会看到图 4-33 所示的提示，且只会删除其包含的“物理产品”，不会删除“物理产品”下的子级数据。

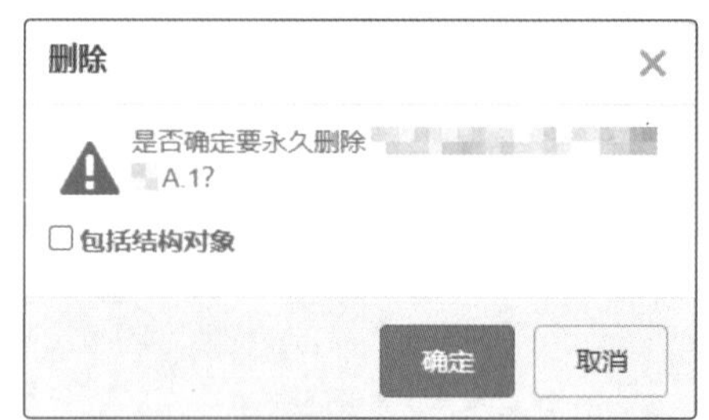

图 4-33 删除时包含结构对象

对于有多个配置的零部件，删除“CAD 系列”将删除其包含的所有“物理产品”，而删除“物理产品”不会删除“CAD 系列”。如果“CAD 系列”中某一个“物理产品”不符合前述删除条件，比如被引用，此时删除“CAD 系列”只会删除符合条件的“物理产品”，不会删除“CAD 系列”。

我们以图 4-34 中的数据为例，图中零件 P1 有两个配置 C1 和 C2，部件 A1 只有一个配置 C1，部件 A1 中引用零件 P1。在这种情况下，如果删除“CAD 系列”P1，将仅会删除“物理

产品”P1_C2，因为 P1_C1 被部件引用。如果删除“物理产品”A1_C1，并选择“包括结构对象”，将会同时删除“物理产品”P1_C1 和“CAD 系列”A1，但不会删除“CAD 系列”P1 及“物理产品”P1_C2。

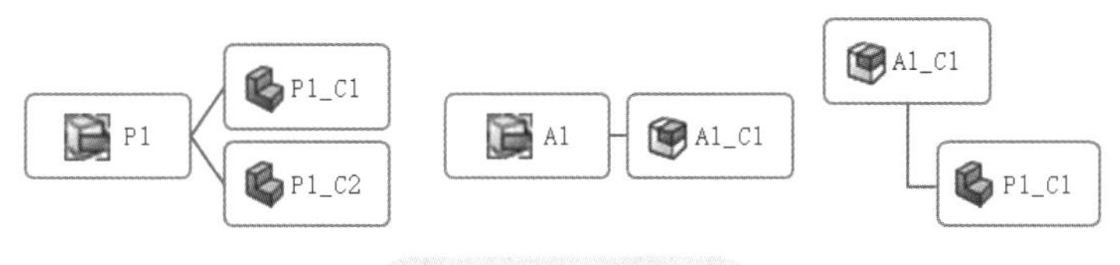

图 4-34　删除示例

4.7　总结

如本章开篇所说，在产品生命周期内，我们会利用不同工具或系统产生大量不同类型的数据，用以表达产品或满足特定业务需求，而且数据也会随产品更新而不断演变。这让我们基于数据开展协作面临很大的挑战。

扫码看视频

而平台引入合作区这一机制帮助我们有效地应对了这一挑战。合作区与我们在合作区中的身份构成了我们访问和操作数据的凭据。数据属于合作区，同时有自己的成熟度。通过将这些组合起来，平台完美地映射了实际的业务逻辑，为我们提供了一个灵活的数据组织和管控环境，让我们与数据紧密关联，并让我们可以基于准确的数据和权限开展协同工作。

第 5 章 步入数据治理

学习目标

1）使用 Product Explorer、3D Markup 浏览审阅数据。
2）使用 Issue Management 创建并管理问题。
3）使用 Change Action 新建更改操作，并通过 Compare 对比模型。
4）使用 Route Management 定义流程并发布。
5）使用 Document Management 管理文档。

数据治理是企业中涉及数据使用的一整套管理方法，由数据使用者及规则制定者协商后共同制定并推行，是关于如何管理及使用企业数据的一系列流程。通过这一系列规则的制定，实现决策权和职责分工，描述了谁（Who）能根据什么信息，在什么时间（When）和情况（Where）下，用什么方法（How），采取什么行动（What）。

数据治理的目的是确保企业数据的可用性、可集成性、安全性和易用性。数据是企业的资产，使用者需要能从中获取关键信息，最大限度地降低风险，并寻求方法进一步开发和利用数据，而这一切就是数据治理需要完成的工作。

在第 4 章中，我们已经了解如何将设计数据上传，并保存到平台。本章将延续上一章的内容，根据企业中设计数据的流向——从数据源、数据浏览与审阅、问题管理、数据变更与比对到数据发布，介绍 3DEXPERIENCE 如何深入治理数据，如图 5-1 所示。

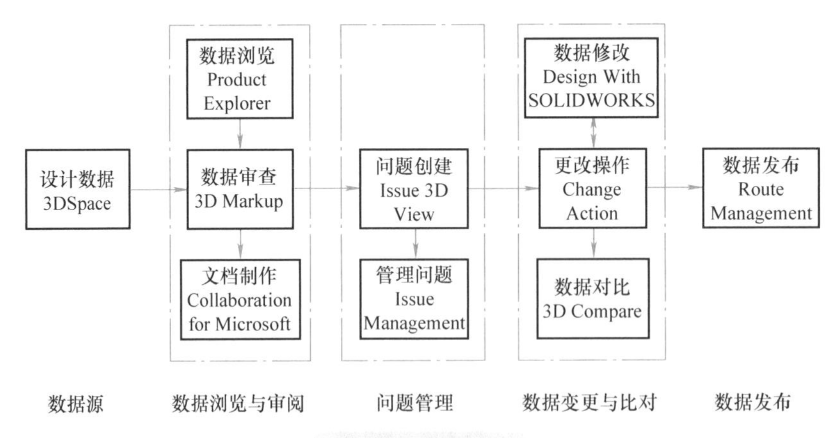

图 5-1 数据流向

5.1 数据浏览与审阅

数据浏览与审阅是数据治理中的重要环节。通过数据浏览与审阅，数据涉及的相关人员可

以直观地查看数据有关信息，确保及时发现问题并进行纠正，以保证数据的质量，为数据的进一步使用与分析打好基础。

在设计成员将设计数据上传后，我们可以使用 Product Explorer 进行数据浏览，查看模型结构及其相关信息；利用 3D Markup 审阅 3D 数据，并提出修改意见；使用集成于 Microsoft Office 的插件 Collaboration for Microsoft 制作详细说明文档并同步文档至平台。

5.1.1　使用 Product Explorer 进行数据浏览

通过 Product Explorer，项目组的设计者、组织者和负责人等项目成员能够直观地了解数据的结构组成、参考关系及版本等重要信息，确保全盘掌握数据结构、洞察数据组成等，进而降低出错的可能性。

Product Explorer 主要由 Product Structure Explore、3D Navigate 两个应用组成。Product Structure Explore 用于显示产品的结构信息，3D Navigate 用于显示产品的 3D 视图。

Product Structure Explore 与 3D Navigate 拥有一致的初始界面，无论是从 Product Structure Explore 打开文件还是从 3D Navigate 打开文件，它们将同时加载模型的结构信息及 3D 模型。我们可以通过 Product Structure Explore 浏览以下内容：3DParts（3D 零部件）、3DShapes（3D 外形）、Drawings（图纸）和 Products（产品）。

我们在打开数据前，应首先设置应用的“首选项”，选择正确的凭据。我们可以访问的内容和可以执行的任务取决于我们选择的凭据，如图 5-2 所示。可供选择的凭据由所在合作区的用户身份决定。选择的凭据需与即将浏览的数据所在的合作区保持一致，若两者不同，我们可能将无法进行期望的数据操作。

图 5-2　为零部件选择合适的凭据

我们可以通过“打开产品”命令跳转到 3DSearch, 以搜索的方式打开存储于合作区中的设计数据。在搜索设计数据时，我们可以通过 6WTags 进行筛选，以便快速精准地找到需要使用的设计数据。在平台上，允许我们为零部件或装配体添加 6WTags。我们可以通过搜索的方式找到想要添加标记的零部件，在左侧的标记名称处为模型添加标记，如图 5-3 所示。我们还可以单击“6WTags”图标，对标签进行过滤。

图 5-3　为模型添加 6WTags

在Product Structure Explore中，我们可以浏览产品的结构组成、位置坐标、修订版、类型、描述等相关信息。在Product Structure Explore设计树中被选中的模型，将在3D Navigate应用中高亮显示，如图5-4所示。我们还可以通过使用“隐藏”命令👁，配合3D Navigate中的“交换可视空间”命令快速反转模型显示。

图5-4　高亮显示

3D Navigate是一个3D视图浏览工具，不但拥有平移、旋转、缩放、显示样式与视图选择等基本功能，还可以使用飞行/步行导航、测量、剖视图等进阶功能。3D Navigate与3DPlay的不同之处在于，它更注重与模型结构的关联性，可以与Product Structure Explore配合使用。我们还可以在“工具”选项卡中通过“编辑属性”命令打开模型的属性信息，浏览与该模型相关的所有内容，如图5-5所示。

图5-5　编辑属性

在使用Product Structure Explore的过程中，我们可以通过再次单击“6WTags”图标，调用6WTags筛选工具，并结合事先定义的用户自定义属性或零部件属性，过滤零部件的显示内容，如图5-6所示。除此之外，我们还可以通过工具栏中的“过滤”命令、“查找”命令

等按条件筛选想要显示的内容。

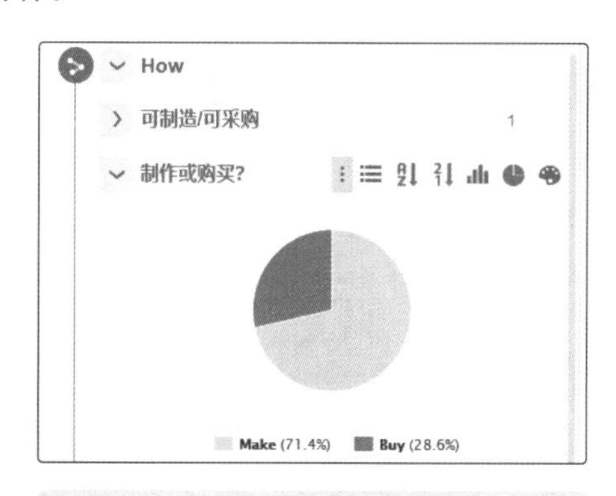

图 5-6　利用 6WTags 过滤零部件显示

注意：Product Structure Explore 与 3D Navigate 有部分相同的“首选项”设定，二者中任何一个的设定被修改后，另一个的相同设定将会被同步修改。

5.1.2　使用 3D Markup 审阅 3D 数据

团队成员之间基于数据展开有效的协作非常重要，基于数据的有效交流也是确保项目成功的关键要素之一。3D Markup 是传达和解释设计数据关键内容的有效工具。3D Markup 应用提供了一组专门的命令来为内容添加批注和注释，从而对内容进行审阅，更好地传达我们的审阅结果。3D Markup 通常被用于批准或拒绝对零部件或装配体等数据的修改环节，突出显示数据中需要技术人员关注的问题。

在使用 3D Markup 时，我们同样应先设置应用的“首选项”，选择正确的凭据及其他显示选项，确保能准确、快速地打开审阅对象，如图 5-7 所示。若选择的凭据与数据存在的合作区不一致，视图区域将可能无法正常显示模型。此时，我们可以通过切换凭据的方式重新加载模型。

此外，在 3D Markup 中还拥有特定的自定义的应用程序“首选项”，此首选项用于标记、控标、测量、截面、比较、移动、单位、显示选择等细节的调整。我们应确保这些选项的设置符合自己的审阅习惯及公司要求，从而提升数据的可阅读性，如图 5-8 所示。

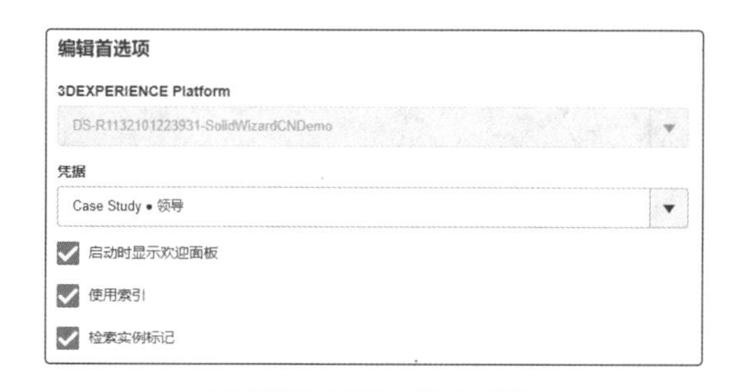

图 5-7　设置“首选项”

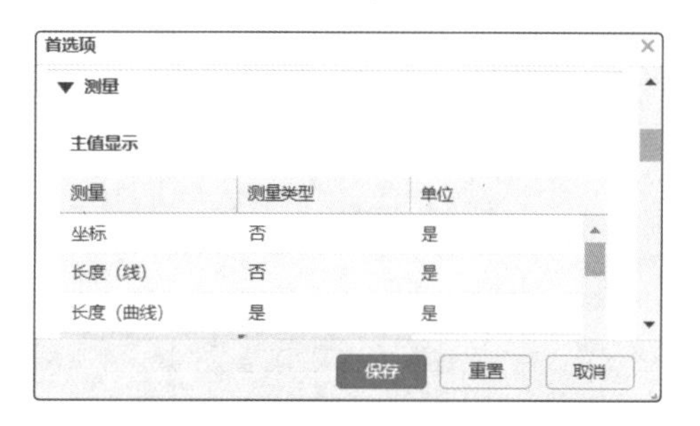

图 5-8　设置自定义的“首选项”

我们可以通过单击“打开产品”，从 3DSearch 中搜索需要审阅的 3D 模型，也可以通过拖拽的方式，将对象从其他应用中拖拽到 3D Markup 中的“添加对象”区域内。当我们将拖动的对象悬停在所选区域上时，所选区域的外观会发生变化（见图 5-9a）。如果区域没有改变，则不会添加视图。如果将数据拖拽到“添加和过滤内容”，在打开数据的同时，还将打开过滤器（见图 5-9b），方便进行筛选。

a）添加方式

打开过滤器
打开 DC Cooling Fan - A.1 的过滤器
新建过滤器
选择
属性
添加属性条件
配置
包络体
复制过滤器自
从 DC Cooling Fan - A.1 的另一修订版复制过滤器
从任何过滤器复制过滤器

b）打开过滤器

图 5-9　添加对象至 3D Markup 中

我们在打开数据后，可以使用“视图”工具栏中的平移、旋转、缩放等命令浏览查看 3D 模型的外观，还可以使用“标记”工具栏中的“截面”命令剖切 3D 模型，使用“3D 比较”命令通过显示差异比较两个产品，使用“测量”命令测量对象的尺寸参数。

相对于 3DPlay，3D Navigate 和 3D Markup 中的测量工具提供了更多测量选项，比如按“中心点”和“典型几何图形”来测量等，如图 5-10a 所示。同时，对于测量结果，也有更多的显示控制选项，比如改变尺寸注释的背景色（使用）、字体大小等，如图 5-10b 所示。

a） 测量方式

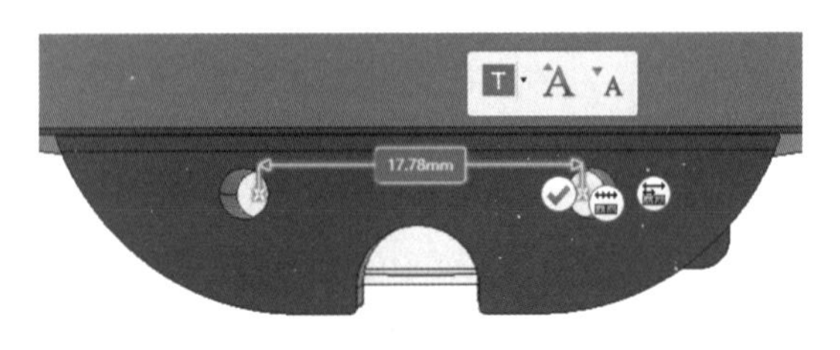

b）显示方式

图 5-10　3D Markup 中的测量工具

如果我们在审阅模型过程中，发现问题或要关注的地方，需要先单击“标记”命令，创建新标记（见图 5-11），才可以为模型添加注释。在创建了新的标记后，将会在视图区域的左侧显示播放栏（Slides Panel）。若设计数据存在多处问题，可以通过创建多张幻灯片（Slides）的方式罗列于播放栏，如图 5-12 所示。

图 5-11　创建新标记

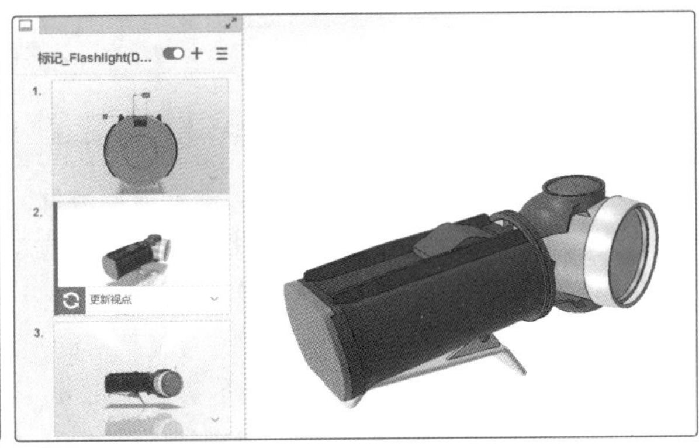

图 5-12　创建多张幻灯片

在创建幻灯片后，我们可以通过“箭头”“圆”“文本”等命令为模型添加注释，如添加圆形以突出显示需要更改的位置，添加文本来告知设计人员需要核对或修改的事项，如图 5-13 所示。我们可以依照此方法依次创建多张幻灯片，并单击幻灯片左下角的“更新视点”命令更新幻灯片内容。

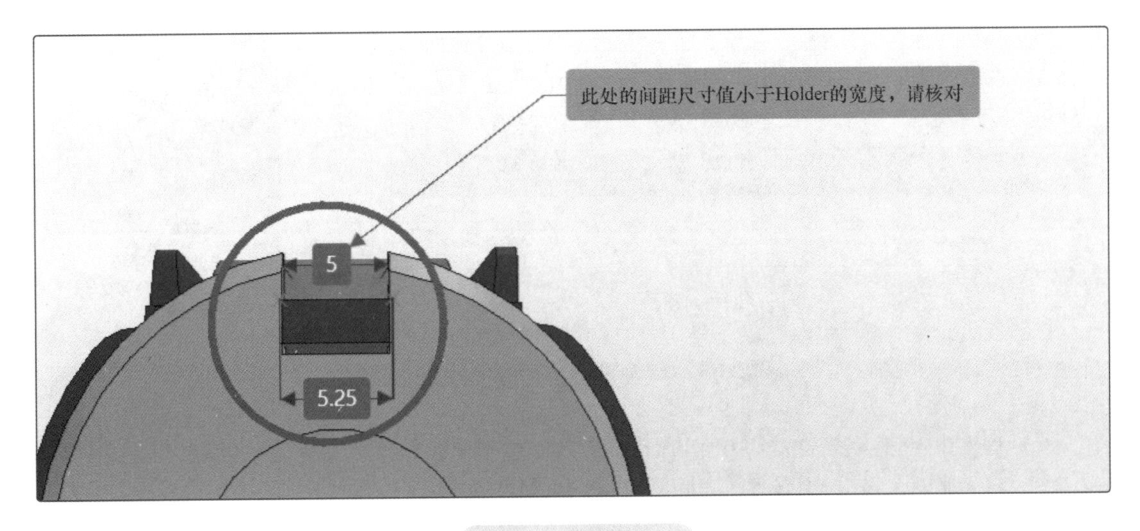

图 5-13　添加注释

在 3D Markup 中完成数据的审阅及批注后，我们可以直接通过“标记”工具栏中的“生成问题”命令或“生成更改操作”命令生成问题和创建更改操作，对数据做进一步处理，详细内容请参阅 5.2.1、5.3.1 节。

提示

当用户使用 Product Explorer 浏览模型时，可以通过 3D 罗盘打开 3D Markup，平台会在新打开的 3D Markup 应用窗口中自动加载被选中的模型。若用户使用 3D Play 浏览模型，再通过 3D 罗盘打开 3D Markup，3DPlay 应用将被直接转换为 3D Markup 应用。

5.1.3 利用 Collaboration for Microsoft 上传文档

一个项目的设计与修改不单单涉及模型数据，很多时候，我们还会制作大量的说明文档及工作文档以供参考和使用。平台提供了一款非常实用的 Microsoft Office 协同工具供用户使用，让我们可以更加方便地制作及上传 Office 文档，并可与设计数据关联，提升工作效率。

Collaboration for Microsoft 是一个文档协同工具，既可以集成于 Windows Explorer 中使用，也可以集成于 Microsoft Office 中使用。我们可以在 Microsoft Word、Excel、PowerPoint、Outlook 和 Microsoft Project 中使用 3DEXPERIENCE 插件。Collaboration for Microsoft 在 Microsoft Office 和平台之间提供无缝协作来提高效率和改善我们的工作体验，项目中的任何一个成员，都可以使用该工具同步项目数据，加速工作效率。

在使用 Collaboration for Microsoft 前，我们首先需要为本地计算机安装该应用程序。可以通过单击“Collaborative Industry Innovator”角色下的“Collaboration for Microsoft”应用程序，并选择“安装包含 Collaboration for Microsoft 的所有角色”选项安装该工具。安装完成后，同时会在桌面创建对应的图标，如图 5-14 所示。

a）启动安装程序

b）桌面图标

图 5-14 安装 Collaboration for Microsoft

要使用 Collaboration for Microsoft，我们可以直接从桌面图标来启动，也可以在“我的电脑”—“设备和驱动器”中打开 Collaboration for Microsoft 应用程序（操作系统不同，打开的路径也会有所不同），还可以通过打开 Microsoft Office 文档访问 3DEXPERIENCE 插件功能，如图 5-15 所示。

Collaboration for Microsoft 提供了一组与平台相互协作的命令，让我们可以将本地制作的 Office 文档，非常便捷地直接保存到平台，实现项目数据的创建、同步、维护与 Office 无缝协作。如上文所述，当我们使用 3D Markup 审阅模型发现问题后，便可以使用 Word 等 Office 工具将项目中发现的问题记录到文档中，并在 3DEXPERIENCE 插件中单击“另存为”命令，将文档检入

（Check in），如图 5-16 所示。如果要在某个工作区中保存文档，我们可以先使用 Bookmark Editor 在此工作区创建书签文件夹，并将文档保存至书签目录下。我们也可以在“保存为新对象”栏中选择“3DEXPERIENCE 位置”，右击“书签根”目录快速创建新的书签文件夹。

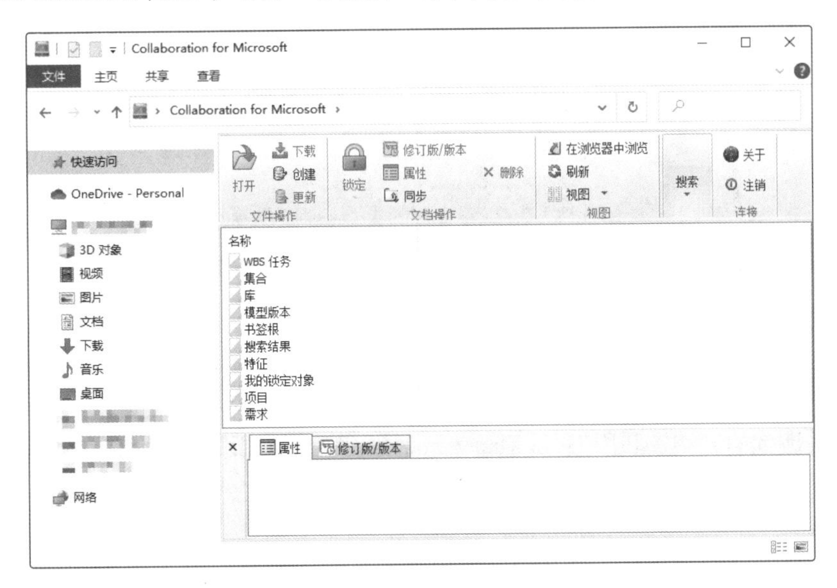

a）在 Windows Explorer 中访问

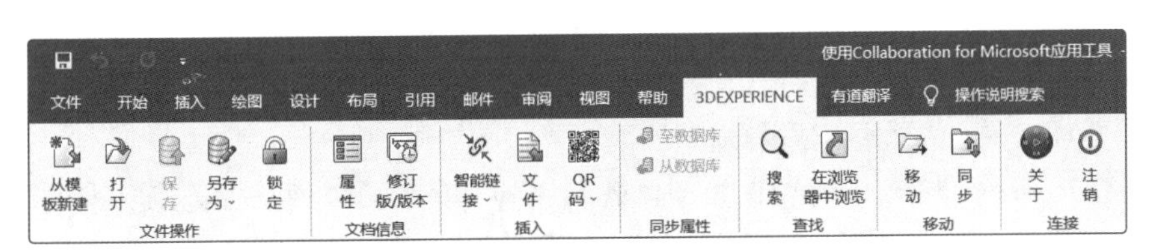

b）在 Microsoft Office 中访问

图 5-15　使用 3DEXPERIENCE 插件

另存为新对象

标题	使用Collaboration for Microsoft
文件名	使用Collaboration for Microsoft
文件扩展名	.docx
文档类型	MS Word 文档
策略	文档发布
3DEXPERIENCE 位置	深入数据治理
SharePoint 位置	

图 5-16　保存数据至平台

文档在另存到平台后，若要进行内容的更改，可以配合“保存”“锁定”命令使用。Collaboration for Microsoft 的“保存”命令用于将修改后的文档检入平台，文档只有在被“锁定”

（检出）的情况下才可以使用“保存”命令。

> 注意：1）不能检入未锁定的文档或被其他用户锁定的文档，不能检入已被其他应用程序检出的3DEXPERIENCE文档。
>
> 2）当我们需要修改云端的文档时，应当在3DEXPERIENCE插件中使用“打开”命令加载保存于云端的文档，而不是直接打开本地的原始文档。若打开本地文档编辑后再保存到云端，会被识别为新文档。

5.2 问题管理

企业或者项目组不可能确保产品各环节都没有任何问题，不同的异常都有可能随时出现，关键是要快速响应，及时修正，避免这些异常对项目造成更大的影响。使用Issue 3D Review能帮助我们识别和直观地分析3D模型的上下文问题，有助于及时发现问题，提出可能存在的风险，减少问题造成的影响。利用Issue Management，我们可以记录、跟踪、通知人员，以便解决问题，更好地推动项目。

5.2.1 利用Issue 3D Review创建问题

过去我们在基于二维图纸描述问题时，经常会遇到因为二维图纸不够直观，导致问题指向的信息不准确、问题的阐述不清晰及设计交流困难等情况，甚至会造成理解错误，产生不必要的损失。鉴于此，平台提供一款可以直接基于3D模型创建问题的工具，让问题指向更清晰、问题的描述更加准确，并确保问题与模型的关联。

Issue 3D Review是一款基于3D视图创建问题的工具，可以通过标记工具准确定位问题涉及的模型，利用注释功能详细描述问题，并指派解决问题的具体责任人，实现端到端的解决流程。合作区的每个成员都可以使用Issue 3D Review创建问题。

我们可以通过Collaborative Industry Innovator角色找到并打开Issue 3D Review应用。在打开零部件后，我们首先应设置该应用的“首选项”，选择正确的凭据，如图5-17所示。

编辑首选项

3DEXPERIENCE Platform

DS-R1132101223931-SolidWizardCNDemo

凭据

Case Study • 领导

Widget 标题

我的问题

图5-17 设置“首选项”

类似Product Explorer和3D Markup，新建的Issue 3D Review窗口中还没有3D模型，我们可以通过搜索或从其他应用中拖拽模型到Issue 3D Review应用中打开。打开模型后，我们可以通过视图工具栏中的“平移”“旋转”“缩放”等命令查看模型，也可以通过工具栏中的“剖

切”“测量”等命令进一步检查模型，并通过“关系”命令查看模型上下文关系，以便确认问题。

针对已确认的问题，我们可以单击“新建问题”命令创建新问题，此时需要在弹出的窗口中，按照顺序在每个选项卡中填入相应内容。我们先在问题的“属性”选项卡中填写问题的标题、描述、解决方法建议、优先级别与到期日期，如图 5-18 所示。

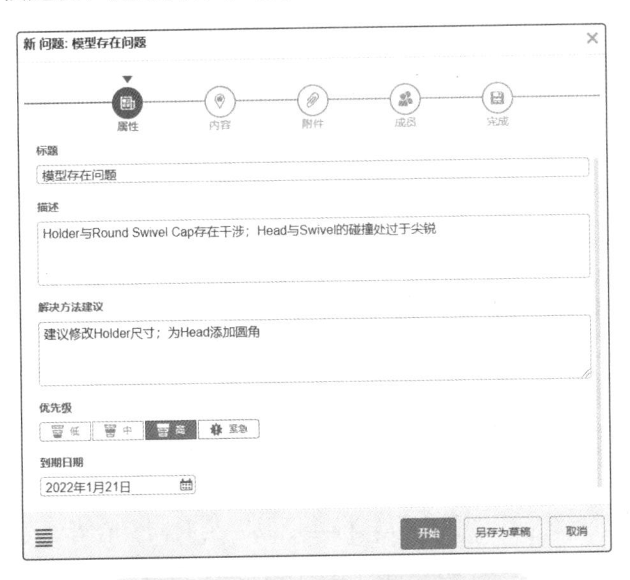

图 5-18　填写问题的“属性”选项卡

在“内容”选项卡中，单击“细节标记”图标（允许用户在 3D 中选取精细元素，以添加到问题中），标记存在问题的模型，被标记的模型将会被添加到报告对象及上下文中。我们可以在“内容”选择卡中多次使用“细节标记”图标为模型添加多个报告对象，如图 5-19 所示。

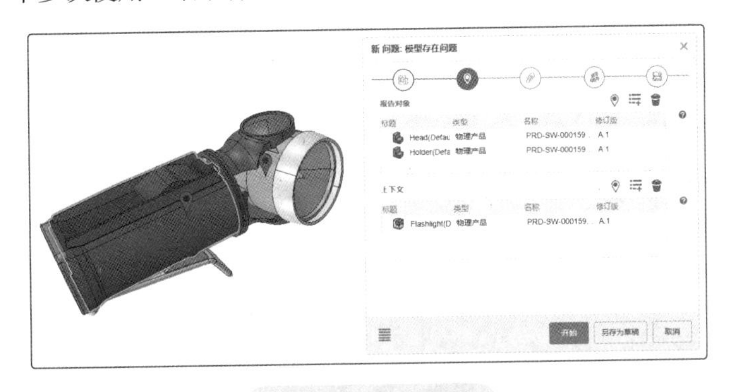

图 5-19　标记问题

在“附件”选项卡中，我们可以为该问题添加附件，详细说明问题的具体内容与相关信息。附件可以是我们已经上传保存到平台的文档，也可以是存储于计算机本地的文件。我们还可以使用“截取屏幕截图”命令获取模型图片。在截图工具中，我们可以使用左侧的截图扩展工具栏，为模型的关键问题添加符号与文字注解，如图 5-20 所示。完成后单击“保存”命令将图片添加到附件中。

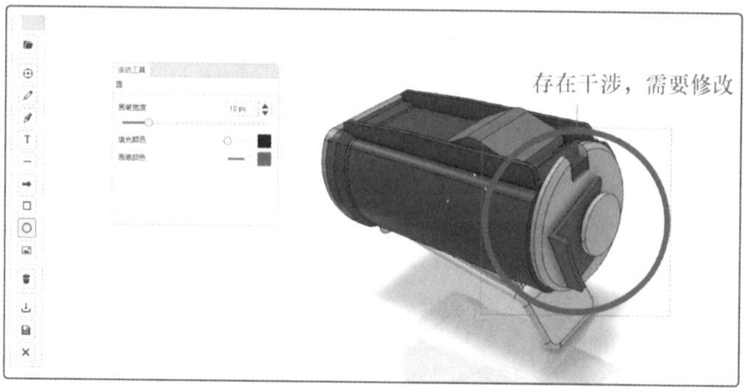

图 5-20　添加屏幕截图

可以添加到附件的文件格式见表 5-1。

表 5-1　可以添加到附件的文件格式

文件类型	扩展名
图片	JPG、JPEG、PNG、BMP、GIF
音频	MP3、MPEG、OGG、FLAC
视频	MP4、AVI、MP、MKV、WEBM、MOV
办公文档	PDF、PPT、PPTX、DOC、DOCX

在问题的“成员”选项卡中，我们可以将问题共享给共同所有者，以进行协同管理，也可以将问题指派给具体的受托人（受托人可以是多个），如图 5-21 所示。

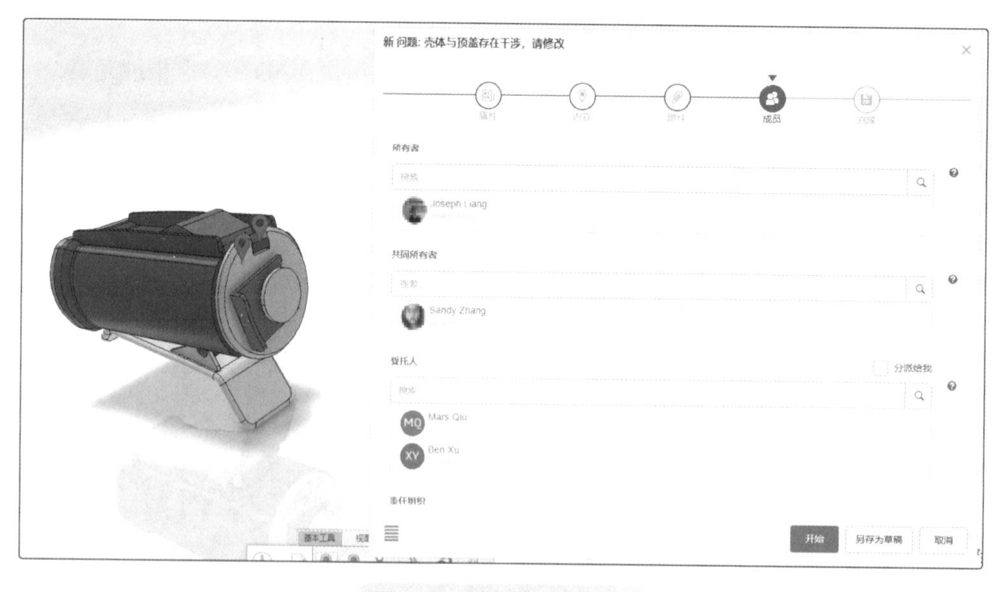

图 5-21　“成员”选项卡

在问题的“完成”选项卡中，我们可以选择是否开启“审批”与“模板”下的对应选项。若打开“审批”下的选项，平台会自动调用 Route Management（流程管理）创建审批流程，在改变问题的成熟度时必须经过受托人的审批。若打开“模板”下的选项，系统将会以此次创建的问题设置作为模板，为我们下次创建问题时提供模板选择，如图 5-22 所示。

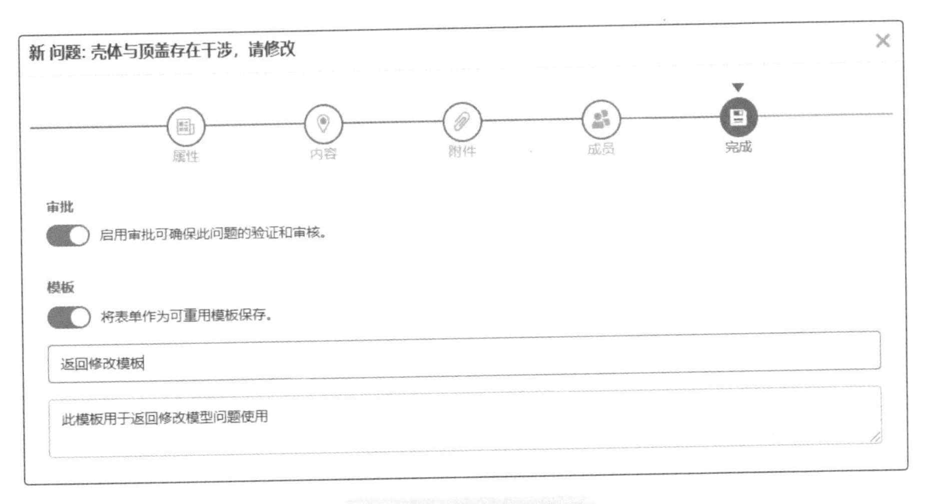

图 5-22　审批与模板

在完成问题的相关内容填写后，单击“开始”，问题创建完成，并关联到模型的上下文与具体的相关人员。我们可以通过使用 Issue Management 管理此问题。

注意：我们在“内容”选项卡中添加报告对象时，需注意选择模型的对象层级。用户可选择添加 3D 外形、零部件、子装配体、总装配体等对象层级，如图 5-23 所示。

a）3D 外形

b）物理产品

图 5-23　模型选择的层级

5.2.2　使用 Issue Management 管理问题清单

作为项目的参与者，无论是项目的管理者、运营者，又或者是执行者，都有可能会遇到需要同时处理多个问题的情况。所以，如何管理问题并择优处理是每位参与者都需要面对的问题。作为项目的管理者与运营者，还需要能掌握问题解决的进度，及时跟踪问题的处理情况等，对问题的管理会有更多的需求。

Issue Management 是我们管理问题的有效工具。它列出了所有我们有权访问的问题，并允许我们创建、提交、跟踪、划分优先级和分配问题，通过快速的解决流程来提高组织的工作效率。

我们可以通过单击 3D 罗盘搜索 Issue Management 应用，将其拖动到我们自定义的仪表板中使用。在 Issue Management 中，我们仍需要优先调整应用的“首选项”，确定凭据是否正确，若凭据与需要处理的问题不一致，在处理问题时可能出现没有权限更改问题的提示。我们还可以在“首选项”中设置“显示警告前距离到期日期的剩余天数”，以提醒我们及时完成任务更改，如图 5-24 所示。

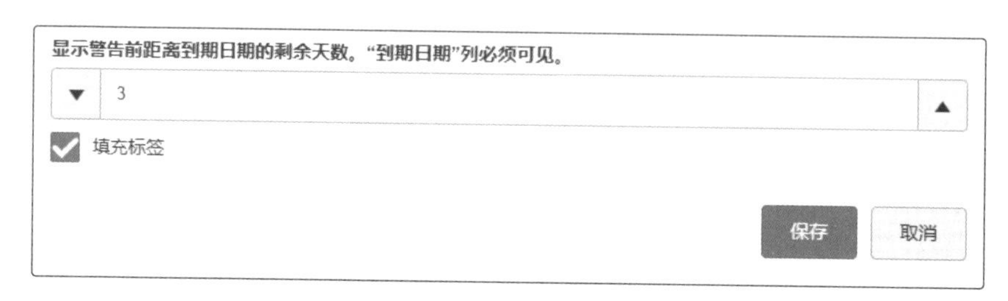

图 5-24　设置问题的警告日期

在 Issue Management 中，我们可以在列表视图中直观浏览问题的标题、名称、成熟度、描述、优先级、受托人、所有者等关键信息；单击“展开”按钮⊞，可以查看此问题所报告的模型及其相关信息；单击“自定义视图”按钮⚙，可以调出列自定义选项卡，我们可以在此处自定义 Issue Management 的列表视图。

在选中问题后，可以单击工具右上角的“信息”图标ℹ，查看问题的详细信息。我们可以通过“信息”的下拉按钮⌄选择“底部显示”命令，将详细信息栏放置于视窗的底部，方便我们浏览信息，如图 5-25 所示。

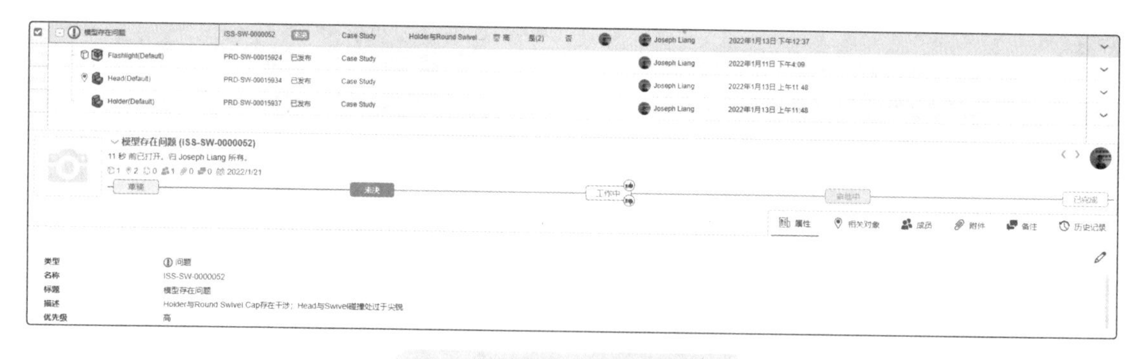

图 5-25　问题列表及详细信息

在问题的详细信息窗口中，我们可以查看并编辑问题的属性、相关对象、成员、附件、备注、历史记录等具体内容，还可以查看问题的成熟度状态。

问题的成熟度状态共分为 5 个阶段：草稿、未决、工作中、审批中、已完成。

当问题已创建但未被分配，则处于草稿状态；若问题被创建并分配给了受托人，问题即处于未决状态。

受托人接收问题并致力于解决问题时，问题处于工作中状态；若受托人不接收问题，则问题返回草稿状态。

当问题已给出解决方案并处于审阅中时，问题被冻结（即处于审批中状态）；若解决方案被接受，则问题关闭，问题处于已完成状态。

提示

若在创建问题时打开了“审批”选项，改变问题的成熟度则需要受托人审批确认，问题成熟度的右上角将显示“待审批”符号，受托人的成熟度的右侧将会显示“批准”（图标为）与“拒绝”（图标为）选项，单击“批准”/“拒绝”并给出原因或备注后，问题的成熟度才会改变。若批准，将在成熟度流程中添加状态；若拒绝，则在成熟度流程中添加状态，如图 5-26 所示。

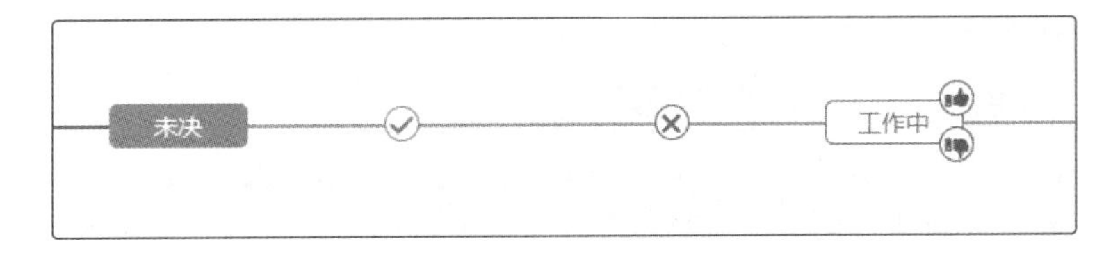

图 5-26　成熟度流程批准与拒绝

右击选中的问题时，我们可以调出问题的快捷菜单。在问题的快捷菜单中，我们可以使用“展开 / 折叠内容”命令展开或折叠任务包含的内容；使用“复制”命令复制现有问题作为创建新问题的快捷方式；使用“标记为完成”命令将问题的成熟度提升为完成状态；使用“移动”命令将问题移至另一个合作区和组织，并且更改其所有者；使用“复制链接”命令可以将问题的 URL（统一资源定位符）复制到计算机的剪贴板，以供粘贴到文本或电子邮件中；使用“附件”命令查看已添加至问题的附件；使用“关系”命令跳转到 Relations 应用，以便查看问题的上下文关系；使用“删除”命令删除过期或错误的问题。

提示

若要删除问题，我们必须要拥有删除问题的权限且问题的成熟度必须处于草稿状态，请在删除问题前确认选择的合作区是否正确，并将问题的成熟度调整为草稿。

在 Issue Management 中，我们除了可以管理基于 3D 模型创建的问题，还可以管理日常事务工作中遇到的问题。我们可以通过 Issue Management 创建空问题，将工作文档作为附件添加到问题中，并指派问题负责人处理问题。如果我们经常处理的任务和内容具有类似性，可以在创建问题时使用“从模板创建”，以简化问题创建步骤，如图 5-27 所示。

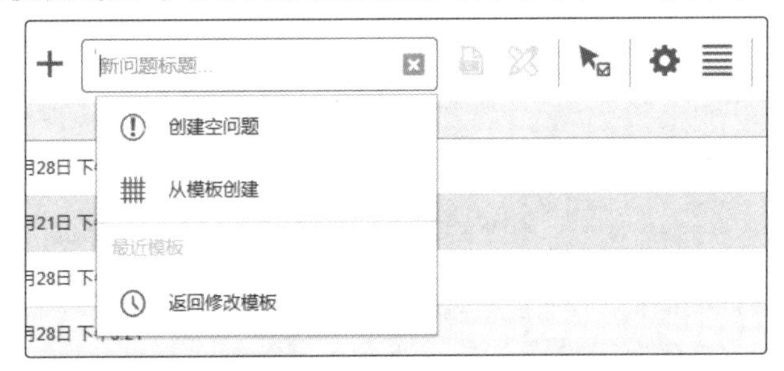

图 5-27　从 Issue Management 创建问题

我们可以单击“更多”图标 ⋮，选择“模板”，管理我们现有的问题模板。从 Issue Management 创建的问题同样遵循从 Issue 3D Review 创建问题的步骤。

5.3 数据变更与比对

当我们及时发现问题并创建问题后，修改数据成为当务之急，如何准确地进行数据变更是我们必须考虑的关键问题。我们必须能够在变更过程中及时跟踪数据的变更，并给出更改建议。在更改数据后，如何将修改后的数据与旧版比对，验证修改详情，也是确保交付质量的重要环节。在平台中，我们可以通过 Change Action 创建并管理变更操作，使用 Compare 比对模型信息。

5.3.1 利用 Change Action 创建更改

在 Issue 3D Review 中，我们已经做到了将问题与 3D 模型相关联，那么如何将更改与问题、模型关联在一起并有效地执行更改，将是我们这节要阐述的主要内容。数据的变更不仅仅只是设计的修改，还会涉及数据版本的变更及生命周期的改变等诸多因素，这往往是数据管理者经常会遇到的难题。如何让数据的变更做到有“迹”可循，并且有“记”可循，是每个数据管理者都需要关注的。

在平台中，我们可以使用 Change Action 来管理对更改对象的操作。它可以关联用户创建的问题或标记、指定具体审批人与责任人、设置更改方式及记录设计变更的结果，既能够让用户在更改操作中查找到数据变更的来龙去脉，做到有“迹”可循，又可以记录数据变更的具体操作及结果，做到有“记”可循，让数据变更过程更加严谨、更加规范。

供稿人、作者和领导者都可以在他们的合作区中创建更改操作。我们可以通过 Change Action 应用程序新建更改操作，也可以通过 3D Markup 或 Issue Management 创建更改操作，如图 5-28 所示。

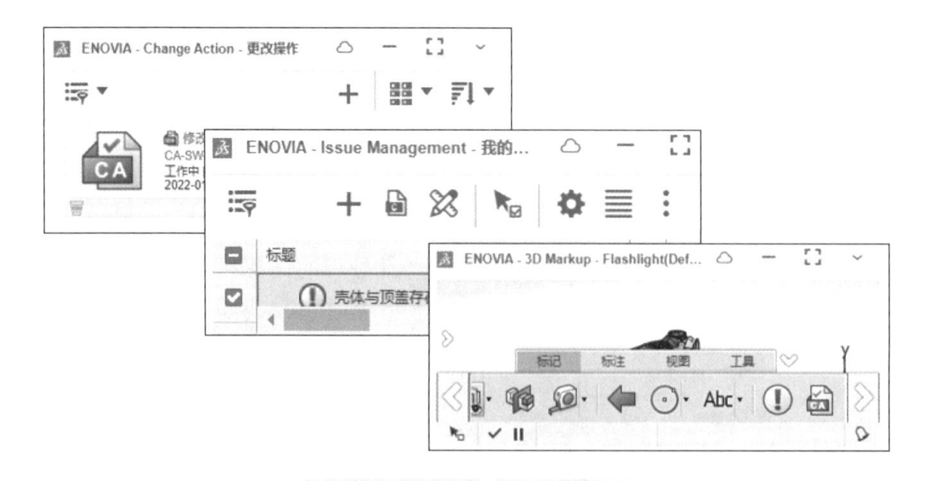

图 5-28 创建更改操作的方式

下面以在 Issue Management 中创建更改操作为例进行介绍。先选中需要创建更改操作的问题，再单击“添加新更改操作”图标创建更改操作，系统会自动将问题的标题与描述内容填充至更改操作的标题栏与描述栏，我们需要为该更改操作选择合适的严重性及到期日期，单击

“开始工作”完成更改操作的创建。若我们选择的是从 Change Action 应用中创建更改操作，可以先选择“保存为草稿”，后续再编辑此更改操作，补充更多信息，如图 5-29 所示。

图 5-29　保存更改操作

我们可以在已创建的问题的展开窗口中找到已创建的更改操作，也可以在问题的“相关对象”选项卡中的“解决方案”目录下找到刚创建的更改操作，如图 5-30 所示。我们可以右击创建的更改操作，选择“打开方式”/“Change Action”跳转到 Change Action 应用。

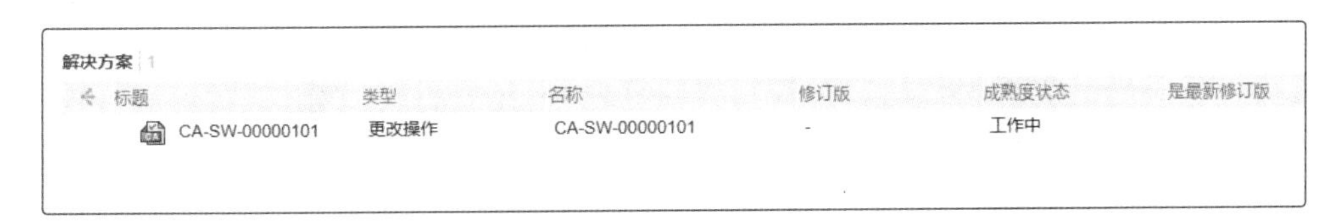

解决方案 1

标题	类型	名称	修订版	成熟度状态	是最新修订版
CA-SW-00000101	更改操作	CA-SW-00000101	-	工作中	

图 5-30　创建的更改操作

在已创建的更改操作中，“特性”选项卡记录了此更改操作的基本信息。在“成员”选项卡中，我们可以使用“添加成员”命令＋为该更改操作添加团队成员（见图 5-31），也可以通过单击成员右侧的下拉按钮 ⌄，改变团队成员在此更改操作中的角色。

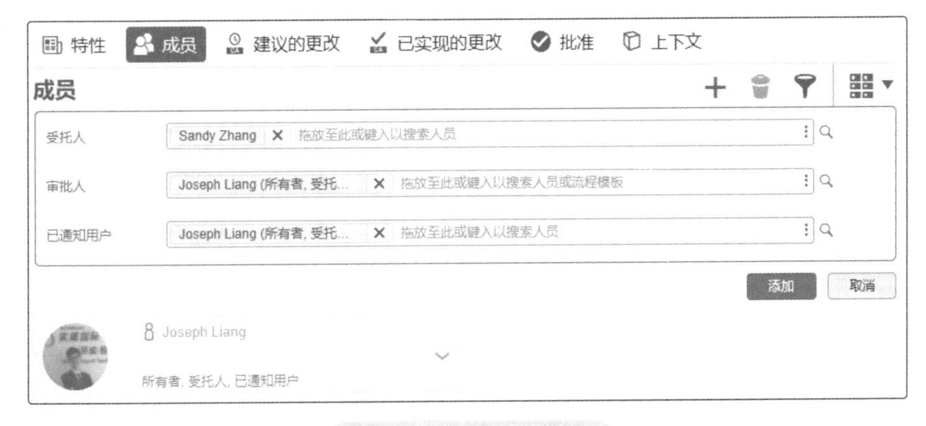

图 5-31　添加团队成员

在“建议的更改”选项卡中，我们可以看到从 Issue 3D Review 创建问题时标记的报告对象，此时它们被认定为建议的更改。若我们想要增加建议的更改项，可以单击“添加更改的项目”命令➕添加更多建议的更改项，如图 5-32 所示。

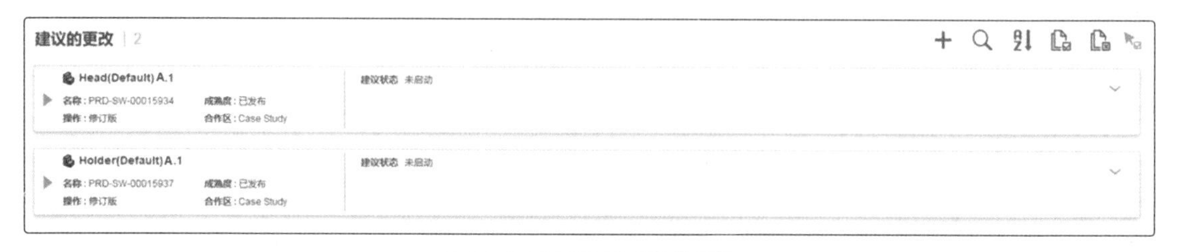

图 5-32　添加建议的更改

在“建议的更改”选项卡中，我们可以通过编辑建议的更改，调整更改的操作为“修改”“新建分支”和“修订版”等，如图 5-33 所示。若我们未修改此选项，将默认继承上次创建的建议的更改项的设置。

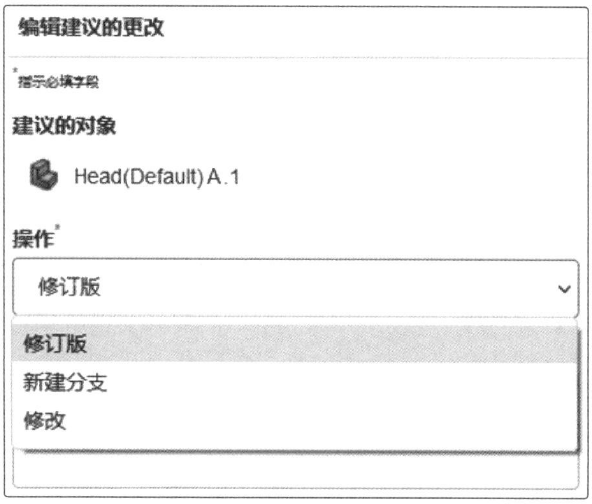

编辑建议的更改
*指示必填字段
建议的对象
Head(Default) A.1
操作*
修订版
修订版
新建分支
修改

图 5-33　编辑建议的更改

> 注意：当我们在新增“建议的更改”项时，应当考虑有哪些零部件会受到此更改影响。此时我们可以通过单击已添加的建议修改项的下拉按钮⌄，选择“更改评估”命令，在打开的 Relations 应用中查看模型的上下文关系。
>
> 若在 Relations 应用中发现需要一同修改的模型，可以通过直接拖拽移动的方式从 Relations 中添加到“建议的更改”选项卡中。

在完成“建议的更改”选项卡的编辑后，我们可以单击更改操作的成熟度状态，如单击“设置为工作中”将更改操作的成熟度由草稿转变为“工作中”，如图 5-34 所示。在更改成熟度时，我们需要注意“首先项”中的凭据是否与此更改操作所在的合作区保持一致，若不一致，将会出现“成熟度更改至少部分失败”等提示。

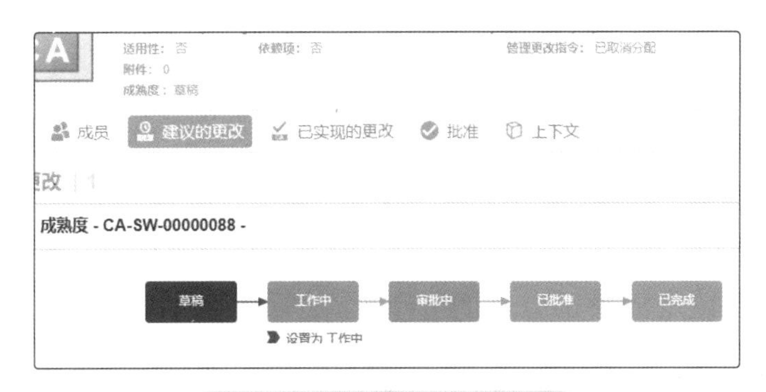

图 5-34　变更成熟度为工作中

当我们将更改操作的成熟度变更到工作中状态后，若“建议的更改”选项卡中的操作为“修订版”或“新建分支”，此时单击“已实现的更改”选项卡，可以在此看到新增的“已实现的更改”项，且模型版本会根据我们的操作设定自动递增版本或新建分支版本，如图 5-35 所示。若“建议的更改”选项卡中的操作为“修改”，则不会自动新增“已实现的更改”项。

图 5-35　已实现的更改

此时我们可以使用 Design with SOLIDWORKS 等设计工具完成具体的设计更改。

我们在打开 Design with SOLIDWORKS 后，可以在软件的 MySession 窗格中接收来自平台端的 Change Action 通知，并单击通知查看更改操作的详情页。我们可以切换至“已实现的更改”选项卡，拖动需要修改的零部件到设计工具中，从而打开待修改的零部件，如图 5-36 所示。

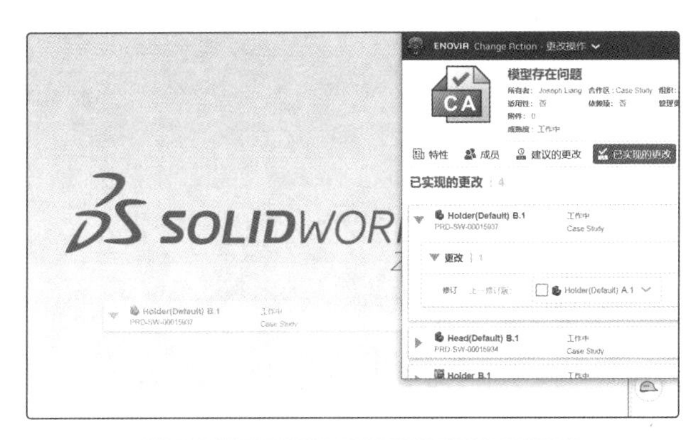

图 5-36　从 Change Action 打开模型

我们在打开模型进行设计修改前，应先选中需要修改的模型，单击“锁定”命令锁定对模型的修改，一旦我们选择了“锁定”状态，则其他用户将无法再修改此文件。单击“work under change”图标（在更改操作下工作），选择需要处理的“更改操作”，开始设计变更，如图 5-37 所示。此时“work under change”图标将会由灰色变成黄色。

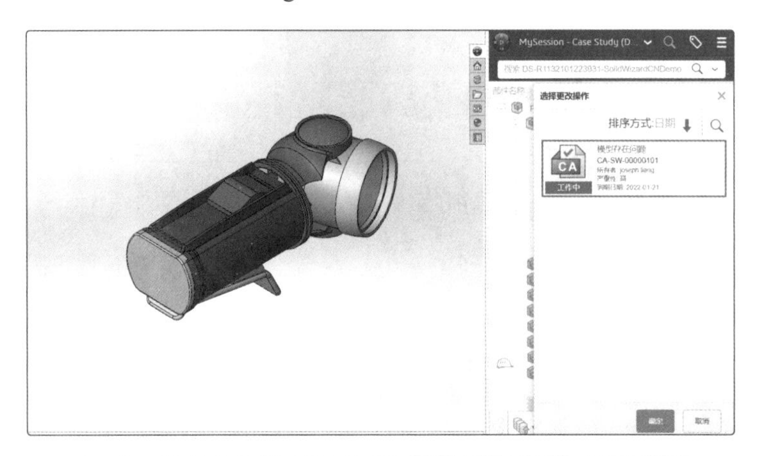

图 5-37　在 SOLIDWORKS 中启用“work under change”

当我们打开“work under change”后，更改会被跟踪并记录在更改操作的“已实现的更改”选项卡中。这确保了更改内容的可追溯性。只有更改操作的 Assignees（受托者）才可以启动、暂停、恢复或停止“work under change”。

当我们完成了设计修改任务后，可以单击“保存到活动窗口”命令将修改后的模型保存到平台。在“保存到 3DEXPERIENCE”对话框中，我们应当在“修订版备注”中输入修改的内容，以方便其他用户知晓修改细节，如图 5-38 所示。

图 5-38　将修改数据保存到平台

当修改完的模型被保存到平台后，模型的成熟度仍处于工作中状态，若修改人员确认模型无误后，下一步需要将模型提交送审。在 Change Action 中，被提交送审的模型的成熟度必须处于冻结状态。因此，我们可以选中被修改的模型，单击“成熟度”命令，切换模型的成熟度

为冻结，如图 5-39 所示。当成熟度变更完成后，我们再关闭“work under change”。

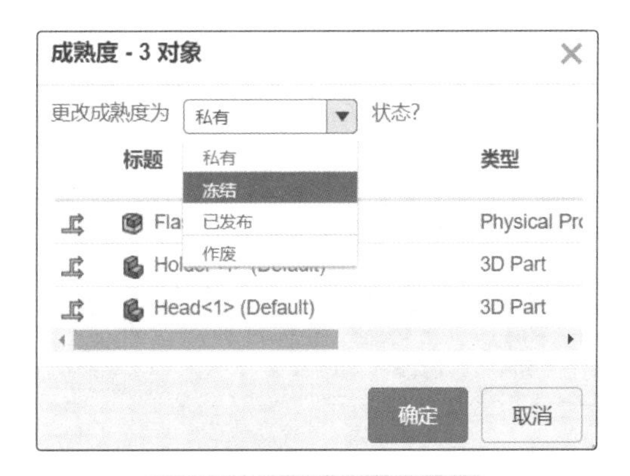

图 5-39　更改数据成熟度

注意：出于数据流程严谨性的考虑，理应在数据成熟度改变后再关闭“work under change”，若我们在变更模型成熟度之前，先行关闭“work under change”，模型的成熟度将会变更失败。

此时，在 Change Action 的“已实现的更改”选项卡中我们可以查看到所有已实现的更改项，并且可以注意到所有的更改项都处于冻结状态。我们可以单击此 Change Action 的成熟度状态，将其变更为审批中，如图 5-40 所示。

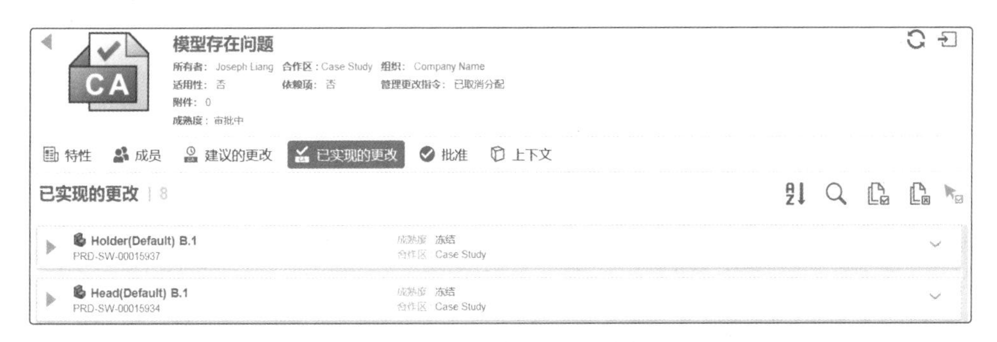

图 5-40　变更成熟度为审批中

注意：要将成熟度从工作中变更到审批中，必须先在“成员”选项卡中为 Change Action 设置“审批人”。

5.3.2　使用 Compare 比对设计变更

当变更的受托者完成设计变更并提交审批后，设计负责人在审批前往往需要查验设计变更的结果，这时候 Compare 将是我们不可或缺的有效工具。Compare 是一款比较工具，可帮助我们识别两个结构之间的差异，找到从一个版本到另一个版本的变化，或者查找两种解决方案或替代方案之间的差异。在 Compare 中，我们通过图形中的黄蓝颜色区分零部件之间的不同之处，在左侧的结构树中，会标记出不同的零部件，并比对它们的属性信息等。

我们可以通过3D罗盘搜索打开Compare应用，也可以直接在Change Action应用的“已实现的更改”项目的下拉按钮 ⌄ 中单击“与上一个比较”命令直接与模型的上一个版本比较，如图5-41所示。我们也可以通过在Compare中使用搜索工具打开需要比对的第一个模型，再在另一个比对窗口中选择比对模型的修订版，查看两个修订版之间的区别，如图5-42所示。

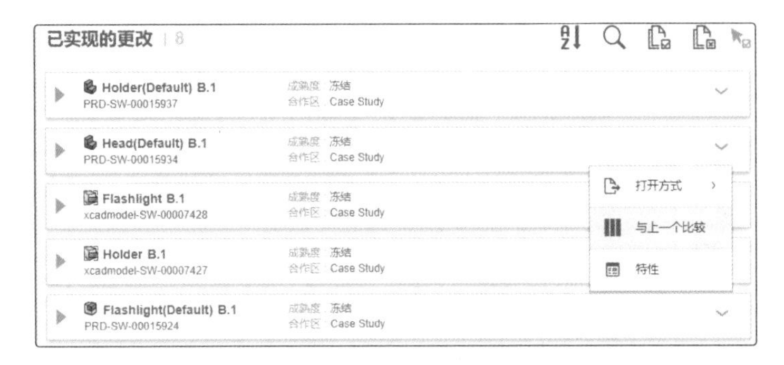

图5-41 在Change Action中比较

图5-42 在Compare中比较

在Compare的左侧结构树中，我们可以非常直观地比对出两组模型或修订版在结构上的区别，该应用会在结构树的左侧用颜色（色标）指示出模型结构的不同之处，如图5-43所示。不同的颜色代表不同的含义，详情见表5-2。

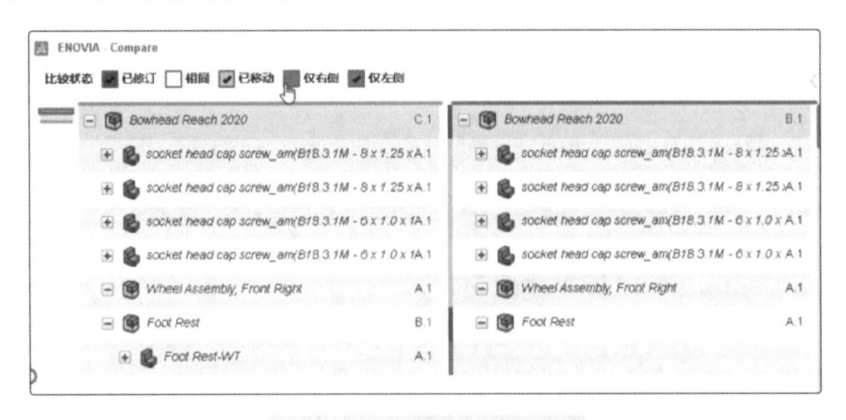

图5-43 Compare中的色标

表 5-2　Compare 中色标的不同含义

色标	含义
绿色	仅存在于右侧结构，在第一个结构中没有找到匹配的对象
红色	仅存在于左侧结构，在第二个结构中没有找到匹配的对象
橙色	两个对象相同，但位置不同（此状态仅适用于结构比较）
紫色	对象已被另一个修订版本替换
灰色	类似，对象已被复制，并与引用结构共享一个派生链接
白色	相同，所有位置和参考等内容相同
棕色	不同，两个对象不相关但共享共同的子对象（相同、修改或相似）
蓝色	两个结构之间的对象的实例数量不同（此状态仅适用于列表比较）

在 Compare 工具的显示工具栏中，我们可以通过取消“相同”复选框，查看两组模型或修订版的不同之处，如图 5-44 所示。若比对的两组模型中存在各自独有的零部件，在比较状态中会新增“仅左侧”与“仅右侧”复选框，我们可以通过取消勾选“仅左侧”或“仅右侧”复选框单独显示各自的独特之处。

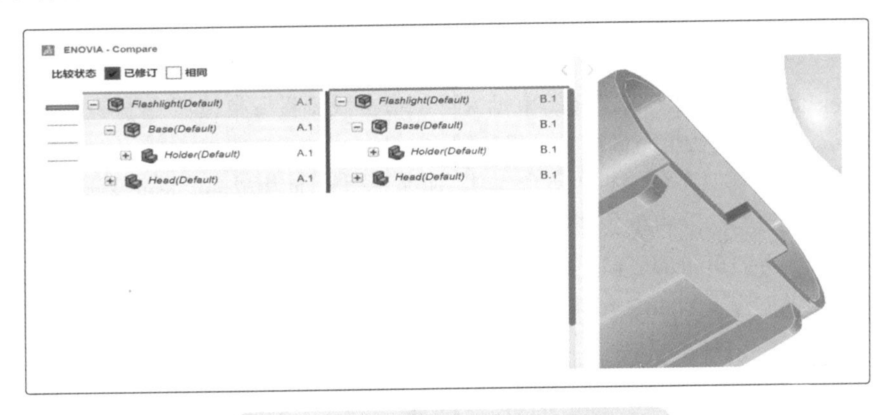

图 5-44　在 Compare 中显示不同之处

注意：若要进行结构与图形比较，需要选择物理产品，而不是选择 CAD 系列。

5.4　数据发布

在完成了设计比对和审阅后，我们就可以对设计内容进行发布，但数据往往需要多部门、多层级的审批才可以确认发布，以确保数据发布的严谨与规范。因此，我们需要制定审批流程，规定谁可以在什么时间、哪个环节、审批什么内容，这对与数据发布至关重要。

Route Management 是数据审批发布过程中定义审批流程的重要工具，它让我们能够让具有精确角色和任务的人员参与完成业务活动，帮助我们定义业务或任务流程。

我们可以把流程看作一系列任务的组合，Route Management 将这系列任务统筹到一个界面进行编辑与管理，并定义它们可以由谁、在什么时间、执行哪种审批。它既可以制定串行的流程，也可以定制并行的流程。我们可以利用 Route Management 将变更、问题、文档等数据作为内容进行审批。

除此之外，Route Management 还可以实现数据状态的改变。在 Route Management 中，出于数据处理严谨性的考虑，目前物理产品的审批需要通过 Change Action 完成。当物理产品在“work under change”下被转换到冻结状态后，我们可以借由 Change Action 的审批，将物理产品的成熟度自动转变为已发布。

当我们使用 Compare 或其他应用完成修改数据的审阅后，可以返回 Change Action 应用的“批准”选项卡中审批模型。此时在“批准”选项卡中，平台已自动调用 Route Management 为审批创建了流程，如图 5-45 所示。

图 5-45　Change Action 中的审批流程

此时，在“成员”选项卡中定义的审批人可以单击该流程下拉按钮 打开流程，添加评论后单击“完成”图标 完成 完成审批、发布数据。

若我们需要多个部门多个层级的负责人共同审批，可以使用 Route Management 编辑自动创建的流程，自定义符合企业审批的流程，以确保发布数据的质量。

我们可以找到并打开 Route Management 应用，在“首选项”中选择正确的凭据后，双击打开自动创建的审批流程，如图 5-46 所示。

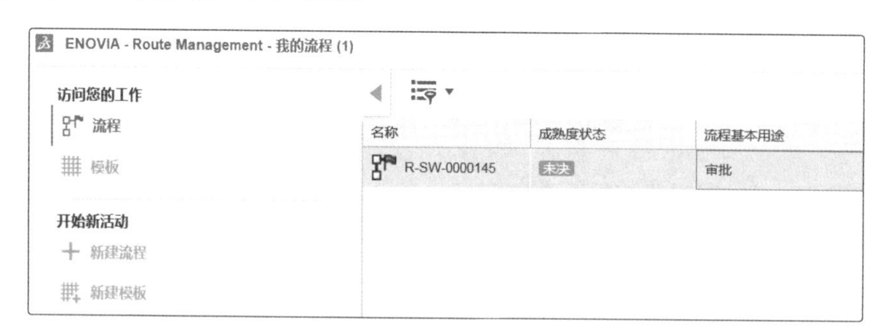

图 5-46　从 Route Management 中打开审批流程

单击“编辑”命令 编辑自动创建的流程，单击已定义的流程任务四周的“添加任务”命令 ，可以为流程任务添加前置、并行或后置的审批任务，如图 5-47 所示。

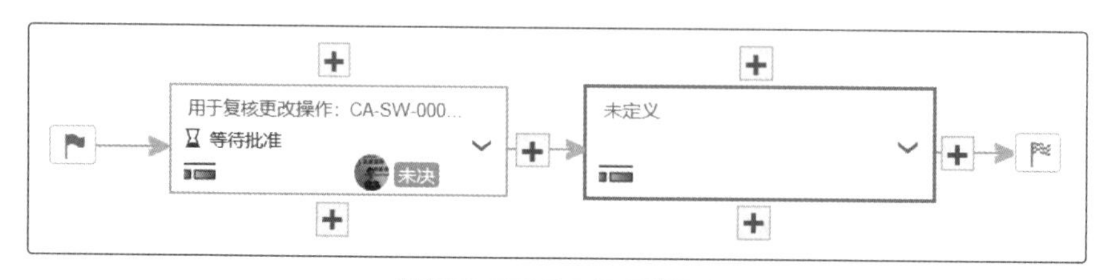

图 5-47　添加审批任务

若项目需要并行的审批流程，我们可以单击上下两侧的“添加任务”命令 添加并行任务，如图 5-48 所示。我们还可以通过定义“全部”或“任何”选项来设置并行流程的通过条件，是全部审批才可以通过，还是有任何一项审批即可通过。

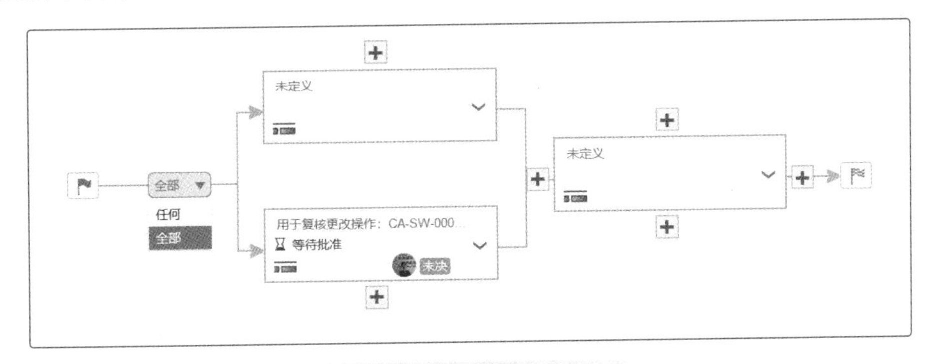

图 5-48 添加并行审批任务

在设计完流程的审批环节后，我们可以通过单击每个任务的下拉按钮 ，选择“打开”命令为任务添加具体信息，如任务的标题、说明、受托人、到期日期等，如图 5-49 所示。

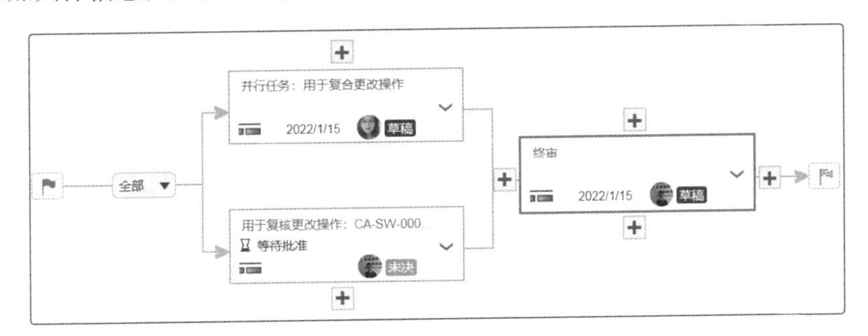

图 5-49 定义任务

单击“保存”完成流程的编辑。当我们编辑完流程后，相关的受托人会收到系统通知，也可以在各自的 Collaborative Tasks 应用中查看需要审核批准的任务；在 Change Action 的“批准”选项卡中，也将显示该审批流程的具体信息，如图 5-50 所示。

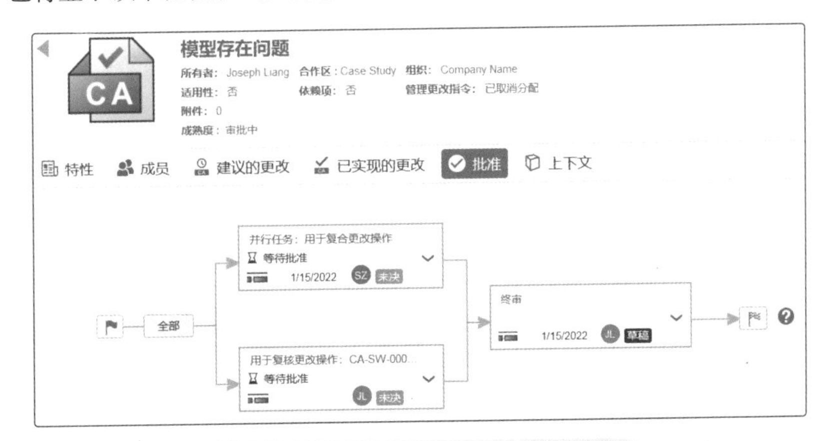

图 5-50 Change Action 中的审批流程

我们既可以选择在 Collaborative Tasks 中编辑任务的详情、添加批准者备注并单击“批准”图标 完成审批，也可以在 Change Action 的“批准”选项卡中，通过下拉按钮 打开任务，添加评论后单击“批准”命令 批准完成审批，如图 5-51 所示。

a）在 Collaborative Tasks 中审批

b）在 Change Action 中审批

图 5-51 完成审批

当完成流程所有环节的审批，更改操作的成熟度将变更为已完成，同时模型的成熟度也将会自动从冻结变更为已发布状态。

若流程在某一环节的审批过程中被拒绝，流程的状态将会从开始转变为已停止。问题被解决后，我们可以通过右击流程，选择“重新启动”再次开启审批，如图 5-52 所示。

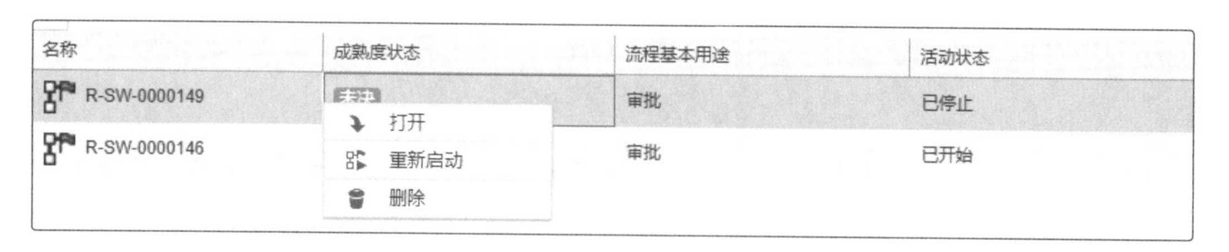

图 5-52 重新启动审批

提示

用户可以在 Route Management 中新建常用的审批流程模板，将其作为审批人添加到 Change Action 的“成员”选项卡中，以此来快速定义数据的审批流程。

5.5 使用 Document Management 管理文档

在整个数据流动的过程中，我们不仅需要处理各种设计数据，同时也会产生诸多的描述或说明文档，因此，管理好这些工作文档也是数据治理的重要组成部分。

为此，平台为我们提供了一款使用简单而功能强大的文档管理工具——Document Manage-

ment，供我们管理所有存储于合作区中的文档。

我们可以通过3D罗盘搜索打开Document Management应用。在Document Management中，我们可以单击“我的文档”查看所有自己制作或上传的文档，在“所有文档”中，我们还可以查看到其他用户上传至不同合作区、但我们具有访问权限的各类文档。如果需要的话，我们也可以在此应用中创建新文档。

在Document Management的列表视图中，我们可以直观地浏览文件的标题、名称、修订版、锁定状态、合作区、所有者及成熟度等，单击任何列的标题都可以按照升序或降序对该列进行排序。我们还可以根据个人的需要，拖拽列标题调整各列的排放顺序，右击列标题可以将该列固定至左侧或者右侧，如图5-53所示。

图5-53 自定义标题列

当我们在Document Management中选中某个文档时，将在列标题的上方显示文档工具栏，我们也通过单击文档的缩略图或平铺视图的下拉按钮展开文档工具栏。我们可以使用工具栏中的命令对文档执行预览、编辑、更新、撤销编辑、更改成熟度、查看关系、下载文档、删除文档等操作，如图5-54所示。

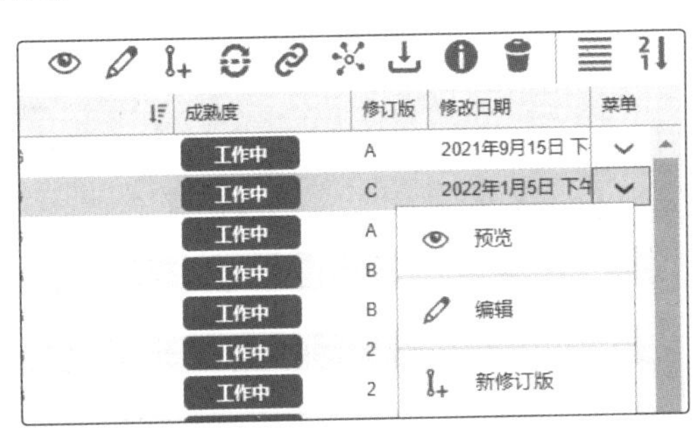

图5-54 使用文档工具

提示

在Document Management中，单击PDF类型文档的标题或名称，可以通过3DPlay直接预览PDF文档。

5.6 总结

数据治理是企业减少重复工作、规范工作方式、提升工作效率及竞争力的重要手段。借助

3DEXPERIENCE 平台，企业可以根据自身组织结构及设计开发流程等实际情况，深化数据治理，让数据的流动畅通无阻，发挥和提升数据的价值。平台可以帮助企业在使用数据的各个阶段，制定规范的使用流程，让使用数据的每个成员清楚地知道应该在何时、采用什么方法、使用什么数据，进而来完成自身工作。同时，平台也可以确保项目的运营和管理人员能全程把控项目进度，合理分配各项任务，及时调整工作计划、审批项目内容等。

扫码看视频

第 6 章 迈向多领域应用

学习目标

1）了解 3DEXPERIENCE WORKS 五大领域中的主要角色。

2）了解 3DEXPERIENCE WORKS 的学习、参考资源。

如前文讲解，3DEXPERIENCE WORKS 是融入协作的综合业务平台，覆盖的业务范围包括设计与工程、仿真、数据治理、制造、市场与营销五大领域。平台包含近百个角色，并且还在不断扩展。前文重点讲解的内容仅涉及平台中的 3 个基础角色——Collaborative Business Innovator、Collaborative Industry Innovator 及 Collaborative Designer for SOLIDWORKS，本章将对平台中五大领域的其他关键角色做一个概括性介绍，方便大家在更大范围内应用平台或将平台应用至更多领域。

说明：由于角色的名称较长，因此，除名称外，每个角色都有一个唯一的简写代码，以方便角色的描述、查找和引用。下文中，角色名称后的括号中均为角色对应的简写代码。同时，本章中的介绍内容也将以简写代码来指代每个角色。

6.1 设计与工程

平台中提供了多类设计角色，包括机械结构设计、外观样式设计以及电气系统设计等，完全可以满足工程师不同方面的多样要求。

6.1.1 机械设计

1. 3DEXPERIENCE SOLIDWORKS Premium（XWC-OC）——平台中的 SOLIDWORKS CAD

XWC-OC 中的主要应用是 SOLIDWORKS Connected，SOLIDWORKS Connected 可以看作桌面 SOLIDWORKS CAD 与 UES-OC 功能的结合。SOLIDWORKS Connected 不仅提供了与传统桌面 SOLIDWORKS 一样的 CAD 功能，而且在 SOLIDWORKS Connected 中创建的数据，可以直接被保存入平台。

SOLIDWORKS Connected 与桌面 SOLIDWORKS CAD 的主要差别之一是许可的管理方式。SOLIDWORKS Connected 的许可是绑定至角色所属的用户，即绑定到人，也即我们无论在哪里，都可以在登入平台后，安装和使用 SOLIDWORKS Connected；而传统桌面 SOLIDWORKS CAD 的许可是绑定至计算机，我们只能在固定的机器上使用桌面 SOLIDWORKS CAD。

同时，使用 SOLIDWORKS Connected，我们也无须担心安装介质。当在一台计算机上首次单击 SOLIDWORKS Connected 图标，平台会提示我们安装相应程序，而后自动从云端下载安装介质并自动完成安装。SOLIDWORKS Connected 应用的界面如图 6-1 所示。

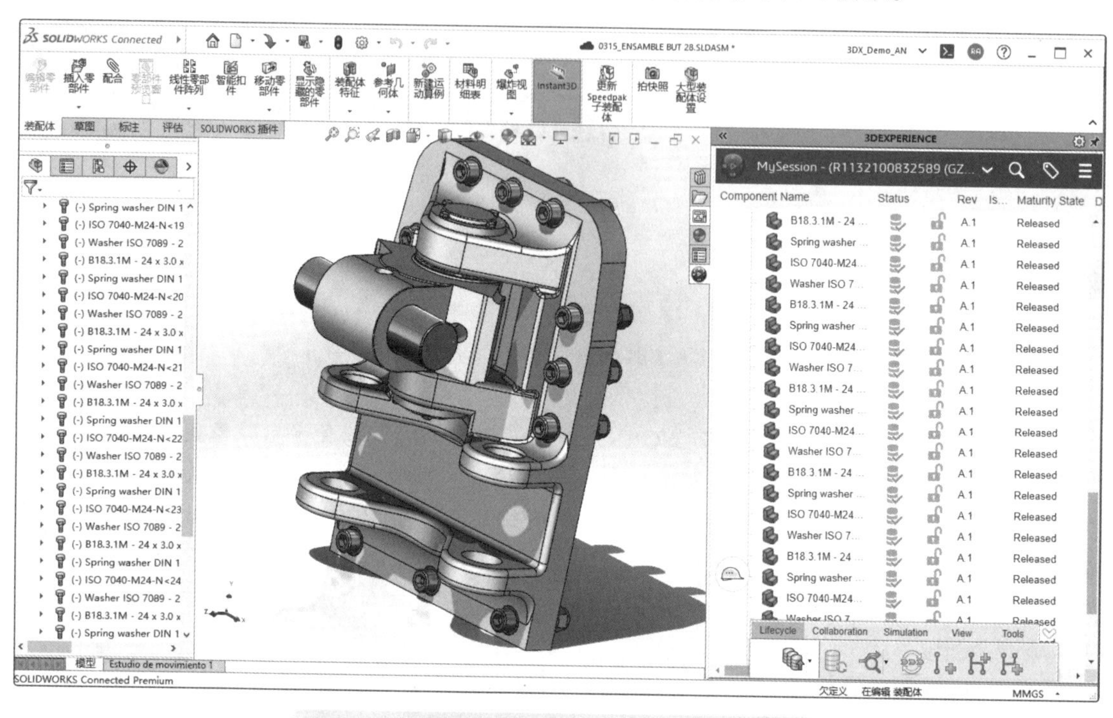

图 6-1　SOLIDWORKS Connected 应用的界面

另外，SOLIDWORKS Connected 始终为最新版本的 SOLIDWORKS CAD，即我们选择 XWC-OC，将可以及时享用 SOLIDWORKS 最新版本带来的新功能。

> 说明：如果我们需要进行产品仿真分析，可以选择 3DEXPERIENCE SOLIDWORKS Simulation Designer（XSM-OC），XSM-OC 具有与桌面 SOLIDWORKS Premium 相同的仿真功能。另外，也可以选择平台中的其他仿真角色，详见 6.2 节。

2. 3D Creator（WXD-OC）——网页端结构设计

3D Creator 提供了完全基于浏览器来进行 3D 设计的应用——xDesign，让我们在网页上即可完成传统需要在 Windows 桌面进行的设计工作，也即让我们摆脱了设备的限制，使我们可以在任何设备上、随时随地地进行设计工作。

借助 xDesign 提供的单一建模环境，我们无须提前规划装配体结构，因此，可以极大避免传统设计工具导致的相关返工。xDesign 中提供了设计向导，让我们可以轻松设计出更好的产品结构。xDesign 中的设计助手可以帮助我们大幅减少重复性任务，让我们更快地完成设计工作。

xDesign 继承了传统桌面 SOLIDWORKS 易学易用的特点及操作风格，同时界面更加简洁，更符合移动设备上的操作习惯。除了图形区域，xDesign 的用户界面主要包含三部分，即设计管理器、操作栏及学习助手栏，如图 6-2 所示。

设计管理器类似 SOLIDWORKS 中的特征树，这里列出了零部件和装配体中的所有特征，并显示了特征创建的先后顺序。我们也可以在这里编辑修改模型中包含的特征，如图 6-3 所示。

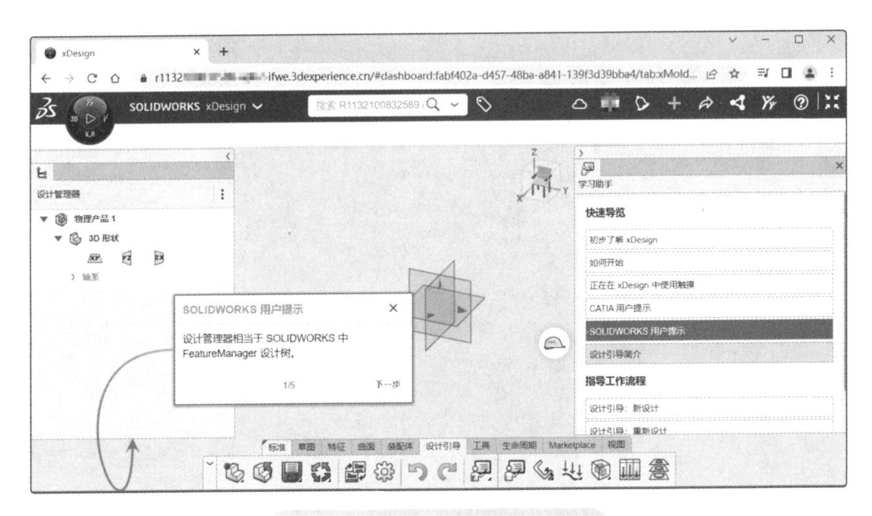

图 6-2　xDesign 应用的界面

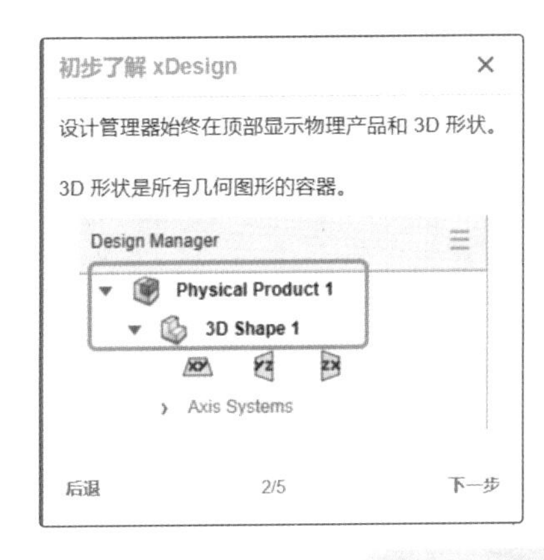

图 6-3　设计管理器

操作栏包含了标准、草图、特征、曲面、装配体、设计引导、工具、生命周期、Marketplace、视图等工具栏。草图、特征、曲面、装配体等相关的命令，都采用了我们熟悉的 SOLIDWORKS 命令图标，可以让有 SOLIDWORKS 基础的用户更容易地使用，如图 6-4 所示。

图 6-4　操作命令

通过用户帮助，我们可以快速了解操作栏中各功能的使用说明，如图 6-5 所示。

图 6-5　用户帮助

提示

图 6-4 所示的“学习助手” 学习助手 是非常好的入门指南，可以帮助我们快速了解、掌握 xDesign 的基本操作，如图 6-6 所示。

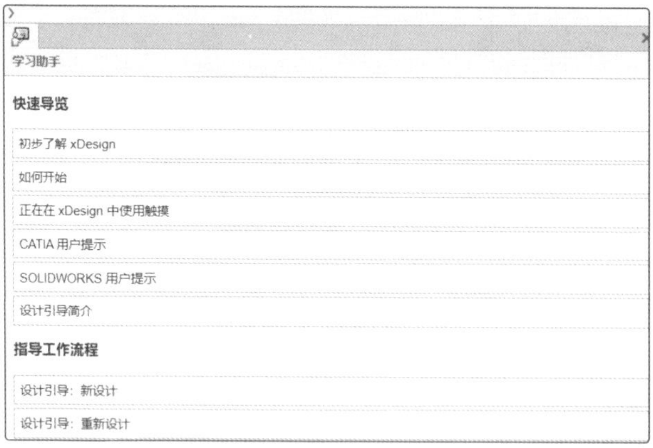

学习助手

快速导览

初步了解 xDesign

如何开始

正在在 xDesign 中使用触摸

CATIA 用户提示

SOLIDWORKS 用户提示

设计引导简介

指导工作流程

设计引导：新设计

设计引导：重新设计

图 6-6　学习助手

类似的，平台中也提供了可以完成钣金设计、焊件设计、模具设计的网页端设计角色，角色名称和主要应用可以参考附录 B。这些角色具有与 3D Creator 相同的特点，只是设计功能不同，因此，这里不再详述。

提示

以上角色中的应用程序，界面风格一致，且各个设计应用工具之间可以通过应用切换程序 或快捷键 <X> 来相互切换。

3. Manufacturing Definition Creator（XMB-OC）——网页端工程定义

XMB-OC 中的主要应用是 xDrawing。xDrawing 让我们在网页中即可添加各类制造信息，即在任何设备上都可以完成产品的工程定义。

xDrawing 更符合当前产品数字化定义的要求，让我们不用像传统软件那样在二维工程图中添加工程信息，而是让我们可以直接在 3D 模型上创建视图来定义尺寸、公差等工程注解。而后根据需要，我们可以选择是否将视图转换到二维平面，生成传统的工程图，如图 6-7 所示。

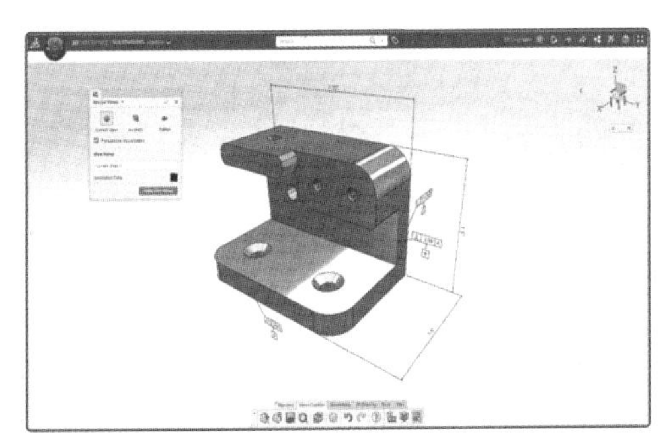

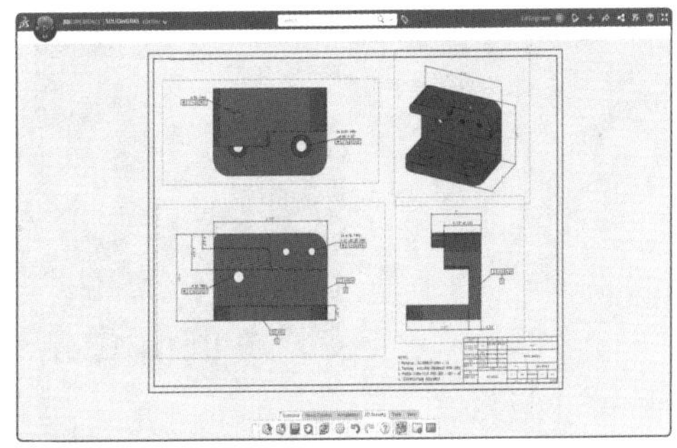

图 6-7　xDrawing 中的工程定义及二维图

4.Function Driven Generative Designer（GDE-OC）——功能驱动的创成式设计

GDE-OC 来自于 CATIA 品牌。借助 GDE-OC，我们可以在已有 SOLIDWORKS 模型基础上生成设计空间、进行问题定义，而后运行拓扑优化。对优化获得的结构，我们可以在 GDE-OC 中进行再次验证或分析。

更重要的是，我们可以根据后续的工艺要求（机加工或增材制造等），对结构进行完善。GDE-OC 让我们的设计优化结果不只是停留在概念阶段，而是更具有可行性，并最终可以实现。GDE-OC 中的完整优化流程如图 6-8 所示。

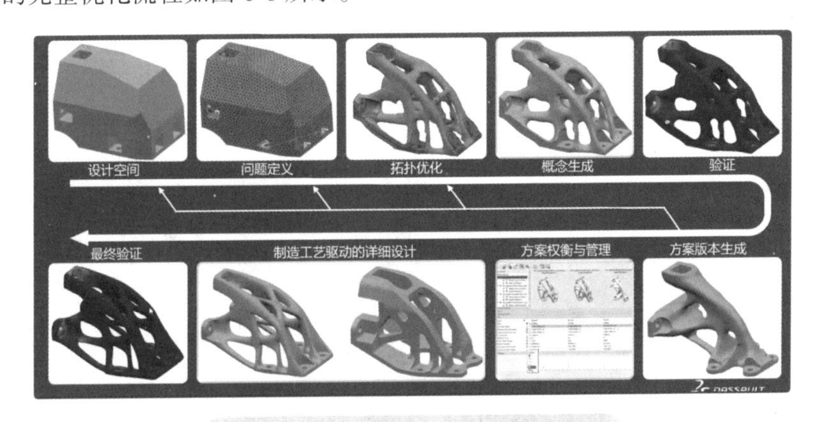

图 6-8　GDE-OC 中的完整优化流程

6.1.2　形状与样式

形状与样式中的角色让设计师可以利用细分建模等技术快速、轻松地设计 3D 复杂模型。这些角色所提供的功能也是对传统 SOLIDWORKS CAD 很好的补充。

1.3D Sculptor（XFO-OC）——网页端造型设计

XFO-OC 中的主要应用为 xShape。xShape 采用细分建模技术。不同于参数化设计，xShape 让设计师通过拖拽等操作即可快速地创建复杂的 3D 模型。xShape 同样也是网页端的设计应用，即允许设计师在各类设备上更自由地表达自己的创意，可以让设计师充分释放自己的灵感。

xShape 应用的界面如图 6-9 所示。

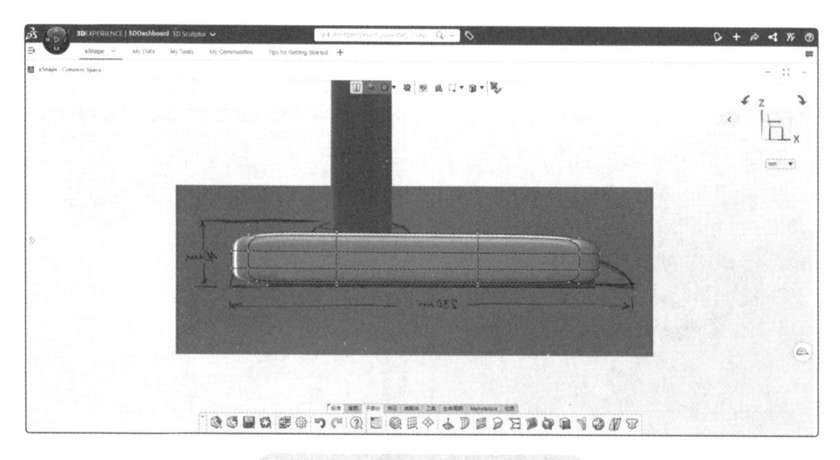

图 6-9 xShape 应用的界面

提示

xShape 也可以与前述网页中的设计应用通过应用切换程序 或快捷键 <X> 来相互切换。并且 xShape 创建的模型可以在 xDsign 等应用中进一步完善，以便于工程制造。

2.3D Pattern Shape Creator（XGG-OC）——3D 样式及形式设计

XGG-OC 来自 CATIA 品牌，提供了一个网页端的复杂样式、造型表达工具——xGenerative Design。xGenerative Design 将 3D 建模方法与基于图形的可视脚本相结合，让设计师可以方便地表达复杂、不规则形状或阵列的变体，让传统 CAD 表达的模型轻松实现，如图 6-10 所示。

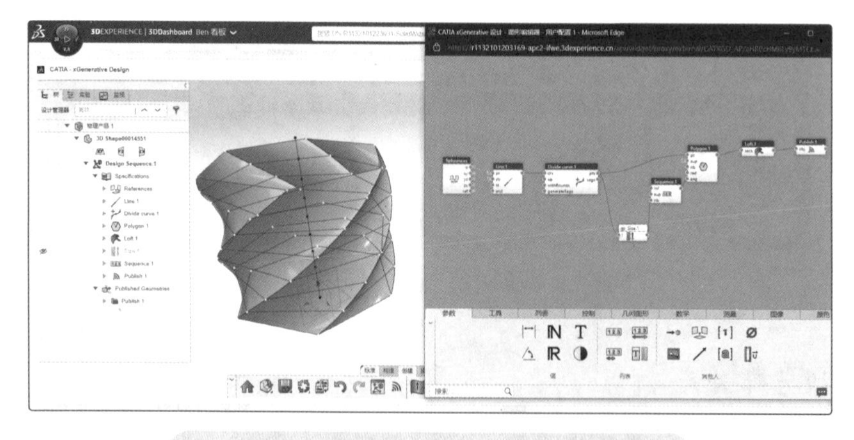

图 6-10 xGenerative Design 构建的复杂形状

提示

xGenerative Design 也可以与 xShape 结合使用，先利用 xShape 构建基体形状，而后借助 xGenerative Design 创建变体和阵列。

3. Creative Designer（CCS-OC）——创意设计

CCS-OC 是来自 CATIA 品牌的创意设计角色，角色中包含多个专业的创意表达工具。其中，Natural Sketch 让设计师可以在屏幕上绘制创意草图，Imagine & Shape 让设计师可以基于图片构建外观模型，Human Design 可以创建虚拟场景中的人物，Live Rendering 可以进行高品质的图像渲染。

6.1.3　设备系统

Electrical Schematic Designer（ESX-OC）是针对电气工程师的角色，让电气工程师从平台中即可直接安装、启动电气设计软件，并快速开展设计。

Electrical Schematic Designer 继承了 SOLIDWORKS Electrical 强大的电气设计功能，为电气设计提供专业级解决方案，最大限度地消除手动重复工作，自动生成各类报表、清单，让工程师专注于电气设计本身。

6.2　仿真

设计与产品仿真分析密不可分。平台中提供了多种来自于 SIMULIA 品牌的仿真分析角色，不仅可以帮助企业应对更复杂的问题，而且平台中的仿真角色可以借助云端的计算资源来进行求解，因而可大幅降低对本地硬件资源的要求，并提升计算效率。

平台中的仿真角色可以帮助用户解决结构、流体、模流、电磁、运动等多方面的问题，下面将对部分角色进行简介（更多角色介绍可以参见附录 B，详细说明可以参考相关资料或专业书籍）。

1. Durability and Mechanics Engineer（FGM-OC）——疲劳与力学

FGM-OC 可以帮助用户进行全面的产品性能评估，包括静态受力、频率、热、扭曲以及隐式和显式动态分析等。

2. Fluid Dynamics Engineer（FMK-OC）——流体动力仿真

FMK-OC 可以进行流体流动和热传导仿真，预测产品中涉及的稳态和瞬态流动、层流和湍流、自由液面、共轭传热和热辐射等。

3. Plastic Injection Engineer（IME-OC）——注塑模流仿真

IME-OC 可以进行注塑模流分析，评估塑料设计与模具的可制造性问题，并分析和预测常见的注塑缺陷，包括焊线、缩痕、气泡和成型过程中的填充完整性等。

4. Electromagnetics Engineer（EMC-OC）——电磁场仿真

EMC-OC 提供了高性能的 3D 电磁仿真，可以分析和优化电磁零部件和系统。EMC-OC 可执行高频及低频电磁分析、天线和微波设备设计和优化、电磁干扰及电磁兼容性问题分析、粒子研究和系统级耦合仿真等。

5. 3D Motion Creator（XMD-OC）——运动和动力仿真

XMD-OC 是基于浏览器的运动学分析解决方案，无须本地安装，用户就可以随时随地通过浏览器来对机械结构进行运动学分析。XMD-OC 允许用户添加电动机、弹簧及阻尼以精确模拟机构运动过程。运动分析的结果也可以通过网页进行共享，用户通过浏览器的方式即可查看。

6.3 数据治理

在数据治理领域，除前文已重点介绍的 IFW-OC 和 CSV-OC 等基础协作和管理角色外，平台还提供了任务规划、产品结构组织和工程定义发布等多个角色。

平台也提供了一个支持多种异构 CAD 相互协作的环境，类似 UES-OC 可以将桌面 SOLIDWORKS CAD 接入平台，平台包含更多角色，可以将市场上主要的 CAD 程序都连接入平台。所需角色同样属于数据治理领域，详细角色可以参见附录 B。

6.3.1 规划

Project Planner（XPP-OC）是网页端的项目任务规划工具，让我们可以随时随地开展项目管理相关工作，实时了解任务进展，并及时根据项目总体情况对计划做出调整。通过 XPP-OC，项目负责人还可以定义项目里程碑及潜在的可能风险，实现对项目计划更全面的管控。

XPP-OC 中主要应用程序的界面如图 6-11 所示。

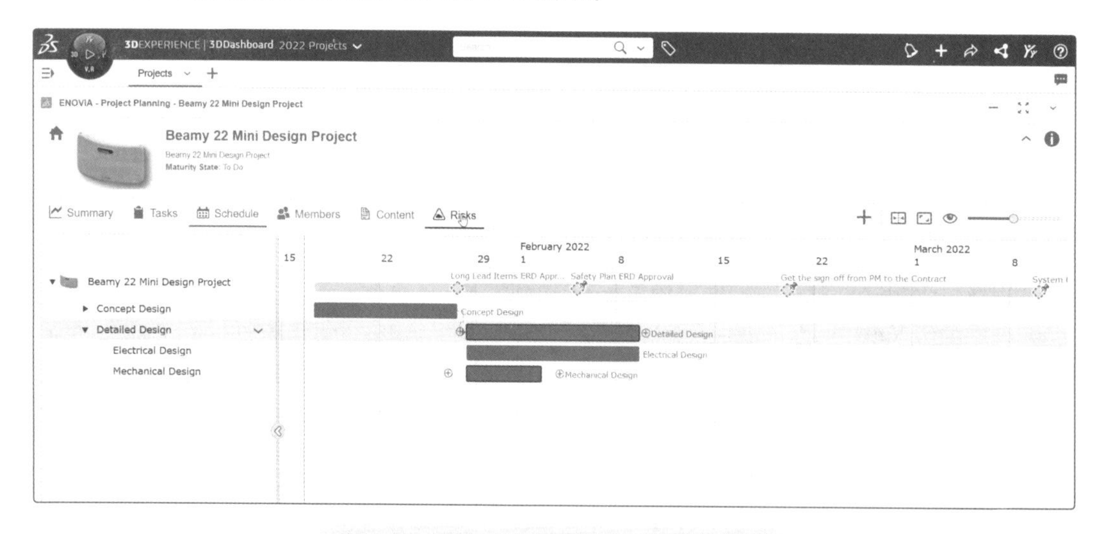

图 6-11　XPP-OC 中主要应用程序的界面

6.3.2 开发与发布

1. 3D Product Architect（PAU-OC）

PAU-OC 提供了基于浏览器的产品结构编辑工具，让产品工程师可以随时随地创建、浏览或修改产品结构，并定义、编辑零部件属性信息，而且产品结构中的数据可以由不同的 CAD 程序创建。

PAU-OC 中主要应用程序的界面如图 6-12 所示。

2. Product Release Engineer（XEN-OC）

XEN-OC 同样提供了基于网页端的应用，并与 PAU-OC 具有相似的功能，两者都可以帮助产品工程师更好地管控产品开发过程。两者也有差异，PAU-OC 侧重产品物理结构的管控，

XEN-OC 偏重管理产品设计的成熟度及工程定义等。

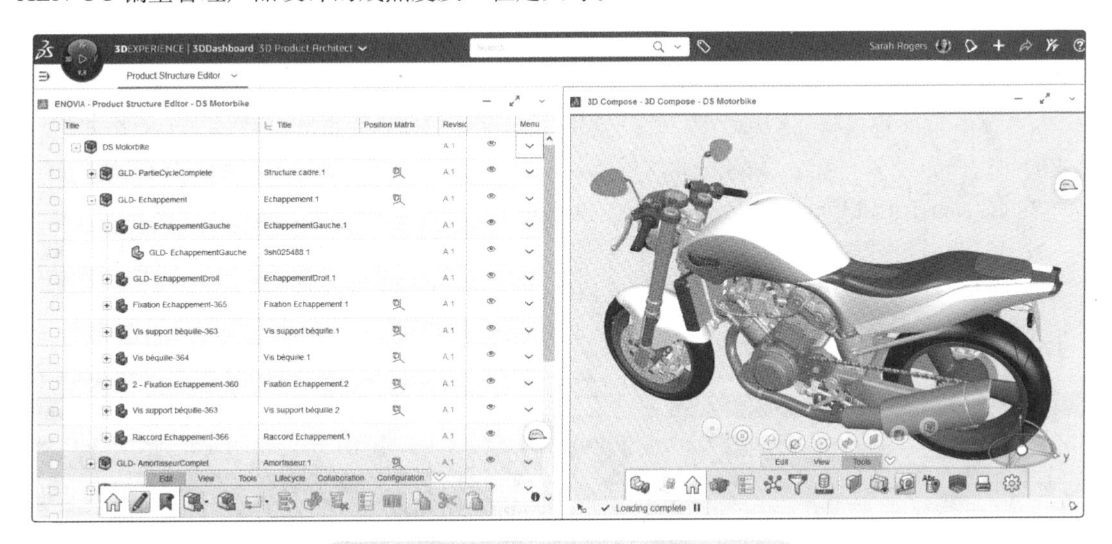

图 6-12　PAU-OC 中主要应用程序的界面

通过 XEN-OC，产品工程师还可以定义互换性信息（替代件或替换件），并添加自制件、外购件等信息来丰富工程定义。

XEN-OC 中主要应用程序的界面如图 6-13 所示。

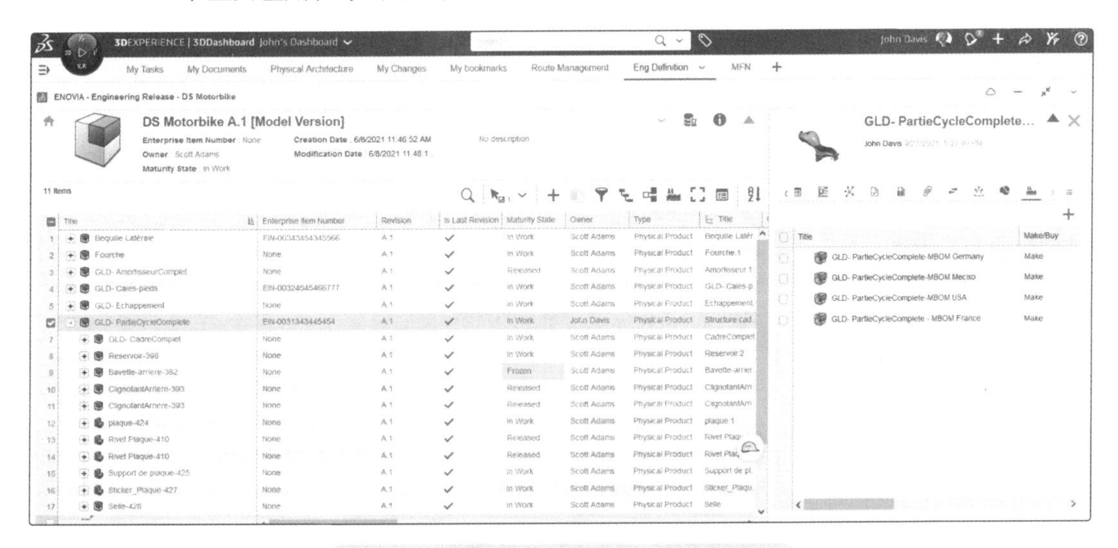

图 6-13　XEN-OC 中主要应用程序的界面

6.4　制造

平台提供了多个来自于 DELMIA 品牌的制造领域相关角色，包括一系列 CAM 角色及协作和制造 BOM 管理角色。其中，CAM 角色不仅支持 2.5 轴、3 轴机加工，而且还有针对模具加工的专有角色，更有支持多轴铣削、车铣复合加工的 CAM 角色。以下对部分 CAM 角色及协作角色进行介绍，更多 CAM 角色可以参见附录 B。

6.4.1 制造角色

1. NC Shop Floor Programmer（NSR-OC）

NSR-OC 是平台中 CAM 的入门级角色。NSR-OC 支持 2.5 轴、3 轴及 3+2 铣削加工和线切割。NSR-OC 同时提供特征识别功能，让工程师可以从模型快速提取加工特征，大幅降低 CAM 编程时间。

2. NC Mill-Turn Machine Programmer（NTA-OC）——车铣复合加工

NTA-OC 针对高端数控机床，支持多主轴、多刀塔的加工设备，支持多轴铣削、车铣复合加工及机器人加工等，可以让企业中的高端加工设备得到更高效的利用。

NTA-OC 中主要应用程序的界面如图 6-14 所示。

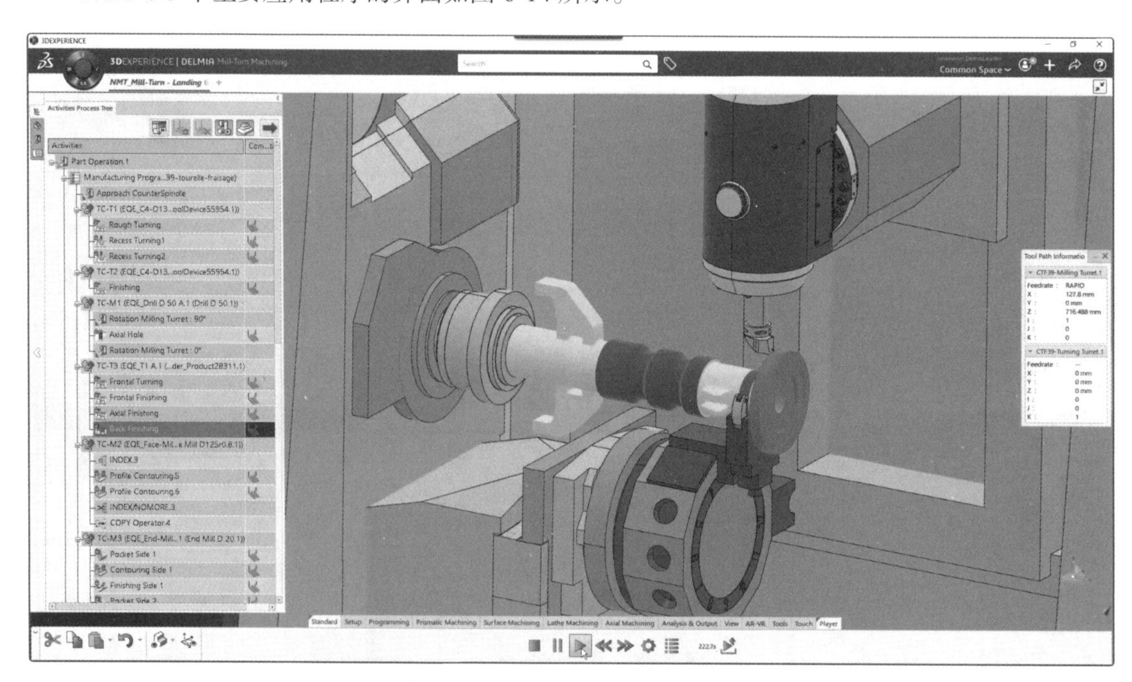

图 6-14　NTA-OC 中主要应用程序的界面

提示

平台中的所有CAM角色均支持机床仿真，即让用户可以在机床环境下进行加工仿真，查看在加工过程中刀具、工件、工装和机床等之间是否存在潜在的运动干涉或碰撞。

6.4.2 生产协作

Lean Team Player（LTR-OC）融入精益思想，可以让小组、团队会议更加高效。LTR-OC 最初的目的是服务于车间的班组会议，但现在可以应用于团队的任何讨论或会议。LTR-OC 可以激发团队在会议中的参与热情，让团队的讨论更加聚焦，并且让讨论形成的想法得到落实。

LTR-OC 中主要应用程序的界面如图 6-15 所示。

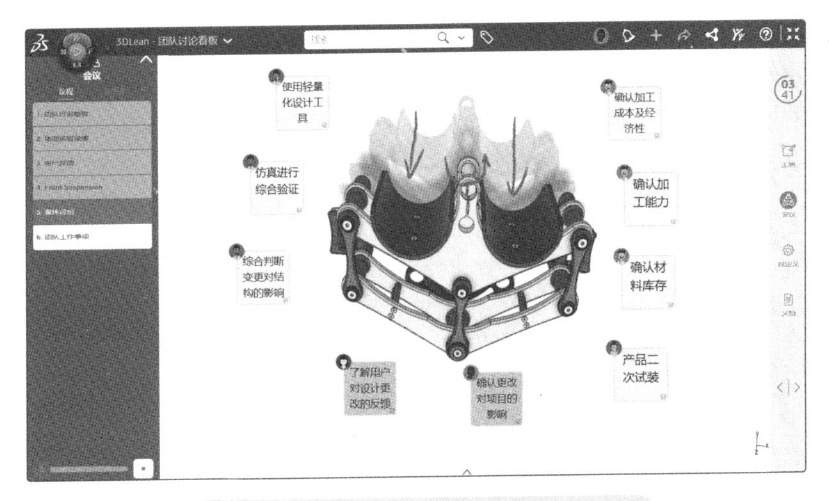

图 6-15　LTR-OC 中主要应用程序的界面

提示

LTR-OC 可以与 XPP-OC 结合使用。通过 LTR-OC 讨论形成的行动计划，可以转换为具体任务。借助 XPP-OC，这些任务可以被组织到不同项目中，并可以进行跟踪和管理，进而确保行动计划得到落实。

6.5　市场与营销

平台中同样提供了支持市场与营销工作的相关角色，让我们在创建和交付市场与营销内容方面获得新的体验。

1. 3D Render（DPA-OC）

3D Render 的主要应用是 xStudio，xStudio 让我们在浏览器中就可以基于设计数据轻松创建和分享逼真的产品渲染图像、展示我们的产品。xStudio 应用的界面如图 6-16 所示。

图 6-16　xStudio 应用的界面

2. Product Communicator（XPR-OC）

除 xStudio 外，XPR-OC 同时提供了 xHighlight 应用。xHighlight 让我们可以基于浏览器创建产品说明文档，清晰、直观地展现产品关键特性。类似 SOLIDWORKS Composer，xHighlight 也可以输出高质量的矢量图，以便后续使用。

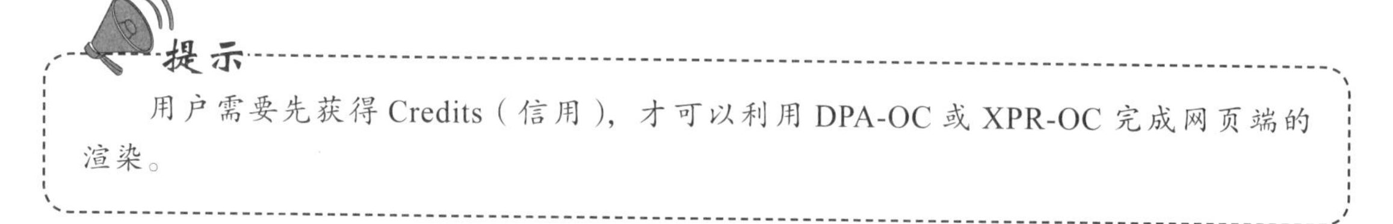
提示

用户需要先获得 Credits（信用），才可以利用 DPA-OC 或 XPR-OC 完成网页端的渲染。

6.6　3DEXPERIENCE 学习资源

平台提供了丰富的帮助与学习资源，让我们可以更好地了解和学习平台中各个角色的使用方法，从而更快地将平台与我们的日常工作相结合。

6.6.1　用户帮助

用户帮助（help.3ds.com）是平台各角色及应用的说明和操作手册，它涵盖了平台中的所有角色和应用，如图 6-17 所示。在每一个应用中，也有对应的帮助命令，让我们可以更快、更方便地访问帮助。

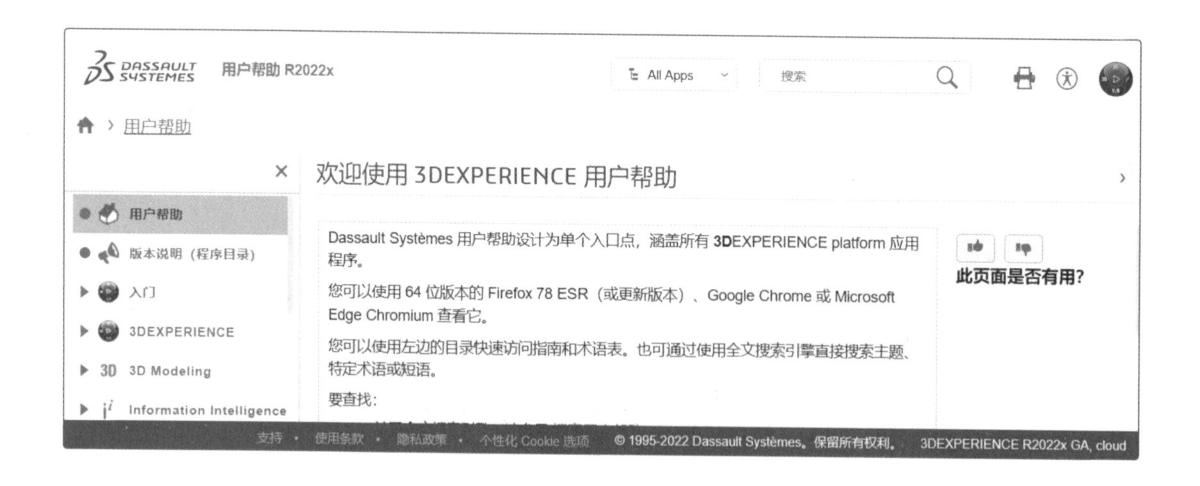

图 6-17　帮助手册

6.6.2　3DEXPERIENCE Edu Space

Edu Space（https://eduspace.3ds.com）为我们提供了平台中各角色和应用的学习课程，如图 6-18 所示。其中包含了近千个课程，让我们可以全面掌握各角色的使用方法。

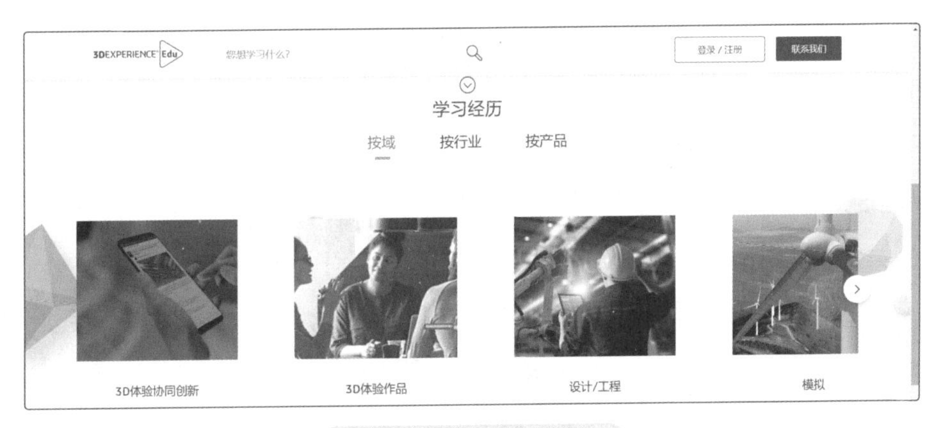

图 6-18　学习门户网站

提 示

要访问 Edu Space 中平台相关的全部课程，需要有 3DEXPERIENCE WORKS Learner（LWKLX-OC）角色。

6.6.3　Dassault Systèmes 公共社区

在平台的页面，我们可以通过“帮助”图标直接进入公共用户社区（http://swym.3ds.com/）。公共用户社区不仅可以让我们了解到不同角色的使用技巧和方法，同时还可以让我们与全球用户进行交流，并获得社区其他成员的帮助。特别是其中的“SOLIDWORKS News & Info”社区，提供了针对 SOLIDWORKS 用户的详细入门指南，并且每一篇介绍都配有视频，如图 6-19 所示。

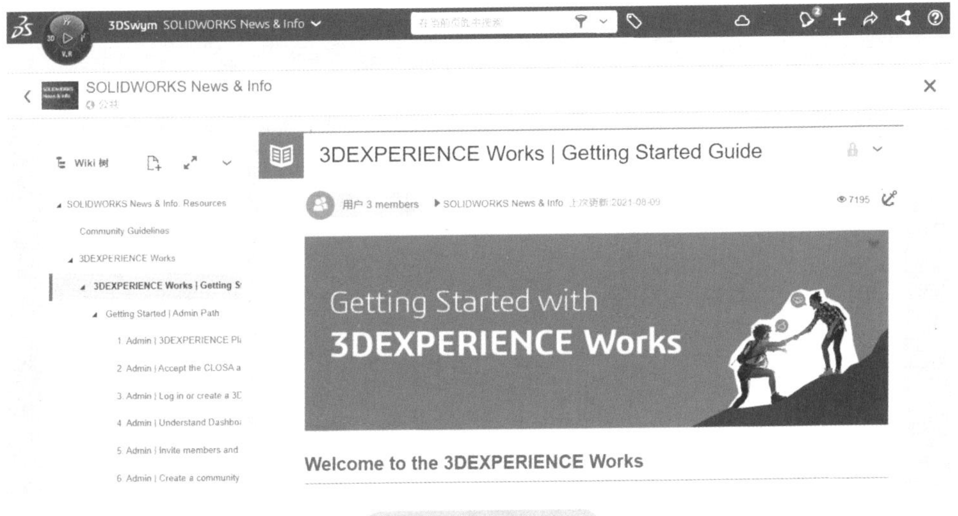

图 6-19　公共社区

6.7 总结

3DEXPERIENCE WORKS 覆盖设计与工程、仿真、制造、市场和营销及数据治理五大领域，包含近百个角色。本章是对 IFW-OC、CSV-OC 及 UES-OC 这 3 个核心角色以外的其他角色的概括介绍，方便我们根据业务需求，进行扩展或选择。

扫码看视频

第 7 章 应用示例

学习目标

1）了解基于 3DEXPERIENCE WORKS 的工作流程。

2）理解 3DEXPERIENCE WORKS 的特点和优势。

本章以 Square Robot 公司为背景，介绍平台的实际应用。内容分为工作准备、平台配置、沟通协作、基于数据的协作及数据治理 5 部分，讲述了一个完整的故事，但每一部分又与前面的 1~5 章对应，方便读者对照理解。

7.1 工作准备

Square Robot 公司是一家快速发展的成长型公司，为了更好地将所有团队成员整合入产品开发流程、追踪产品演变，同时也为适应灵活办公的要求，他们决定导入 3DEXPERIENCE WORKS 产品组合，基于平台进行产品的设计研发工作，从而让团队成员能够随时随地了解产品开发的进程，及时响应，并优化团队间的协作。

扫码看视频

在正式使用平台之前，Square Robot 公司需要激活其公司站点。因此，Square Robot 公司指派了技术经理 Megan 作为平台的负责人，负责激活和管理站点。

7.1.1 账号注册

首先，Megan 需要使用浏览器访问达索系统官方网站（https://www.3ds.com/），注册 3DEXPERIENCE 账号，如图 7-1 所示。

图 7-1 注册 3DEXPERIENCE 账号

注册 3DEXPERIENCE 账号后，Megan 也即获得了 3DEXPERIENCE 公共站点及讨论区

（http://swym.3ds.com/）的访问权限。她可以通过此站点浏览可见社区里的帖子、问题及观点等内容，并回复评论。

7.1.2　站点激活

拥有了 3DEXPERIENCE 账号后，Megan 就可以尝试激活公司站点了。Square Robot 公司在购买了 3DEXPERIENC WORKS 相关角色后，会收到一封激活邮件，如图 7-2 所示。

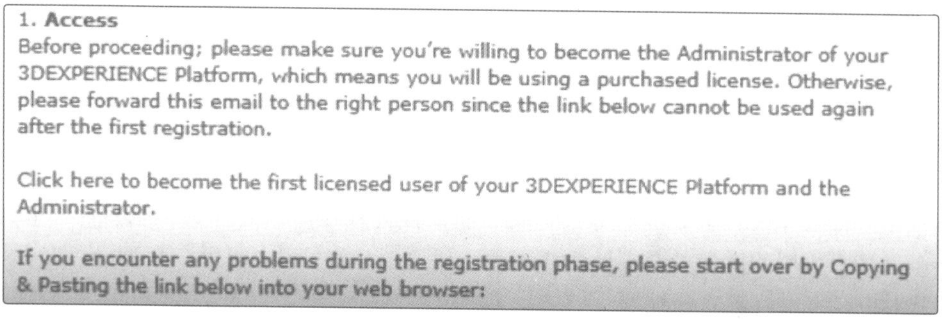

1. Access
Before proceeding; please make sure you're willing to become the Administrator of your 3DEXPERIENCE Platform, which means you will be using a purchased license. Otherwise, please forward this email to the right person since the link below cannot be used again after the first registration.

Click here to become the first licensed user of your 3DEXPERIENCE Platform and the Administrator.

If you encounter any problems during the registration phase, please start over by Copying & Pasting the link below into your web browser:

图 7-2　激活公司站点

Megan 单击邮件中的激活链接，在弹出的界面输入账号及密码，登入站点，即激活了公司站点。此时，她可以在浏览器界面中看到自己的第一个仪表板及仪表板列表。单击右上角的“通知”图标，Megan 可以浏览到最新的通知消息，如图 7-3 所示。

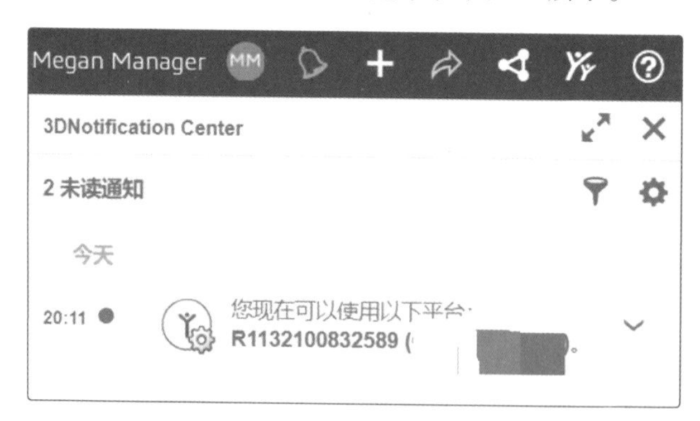

图 7-3　浏览平台通知

单击用户头像，Megan 可以在此处选择“我的资料文件”修改她的个人资料。在弹出的 Profile 小部件中，Megan 需要先编辑首选项，以确认切换至公司站点。正确选择首选项后，Megan 可以通过单击用户头像和姓名后的“编辑”图标，修改她的用户头像及姓名，如图 7-4 所示。

图 7-4　修改用户头像及姓名

接下来，Megan 需要邀请其他用户进入站点，包括设计师 Don 和 Debbie 以及老板 Bob。在邀请前，Don、Debbie 以及 Bob 也已分别注册了 3DEXPERIENCE 账号。

7.2　平台配置

在项目组成员完成各自的 3DEXPERIENCE 账号注册后，技术经理 Megan 就可以邀请他们进入公司站点，并赋予他们相应的角色了。除此之外，Megan 还需要完成一些基础设置，例如创建合作区和社区等准备工作。

扫码看视频

7.2.1　邀请用户

Megan 通过单击“Platform Management”仪表板进入管理员界面，而后单击“Members”选项卡，切换至成员管理界面，选择“邀请并授予角色”选项卡，单击“邀请成员”图标 邀请成员，填写 Don 与 Debbie 的电子邮箱地址，邀请他们加入站点，如图 7-5 所示。

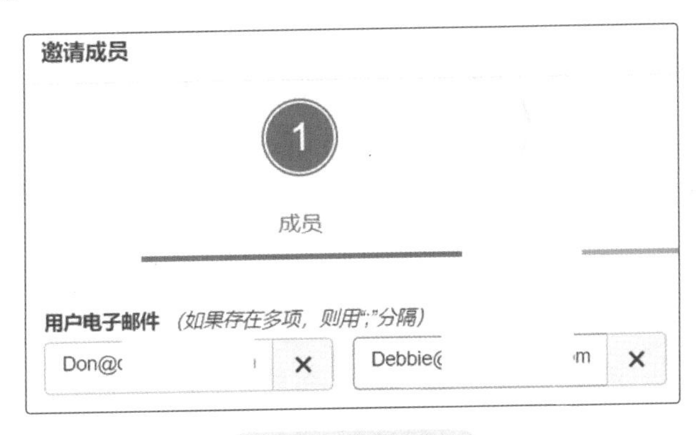

图 7-5　邀请成员

在邀请 Don 与 Debbie 加入站点时，Megan 可以直接为他们赋予工作需要的角色。在邀请成员的角色页面，Megan 通过搜索角色的简称快速筛选到了“Collaborative Designer for SOLIDWORKS”角色。赋予该角色的同时，平台会自动为成员赋予此角色需要的前置角色——“Collaborative Industry Innovator”角色，如图 7-6 所示。

除了以上几个必需的角色外，在邀请成员时，Megan 还可以根据成员的需求为成员赋予附加应用程序，如图 7-7 所示。

图 7-6　前置角色

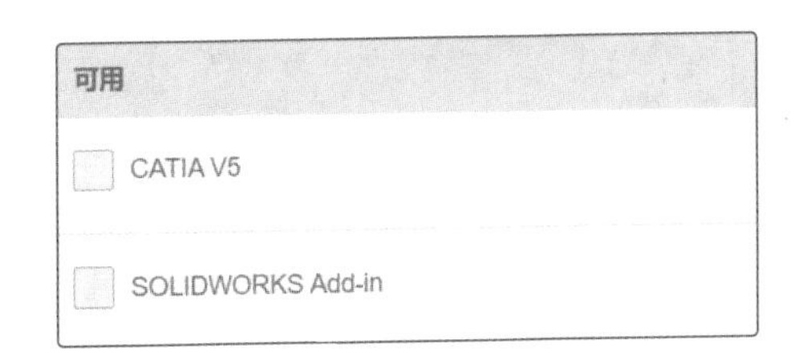

图 7-7　附加应用程序

在 Megan 完成角色邀请操作后，Don 与 Debbie 将会收到一封邀请邮件，他们可以通过单击邮件中的邀请链接进入公司站点以开始他们的工作，如图 7-8 所示。

图 7-8　邀请邮件

Megan 还需要邀请老板 Bob 加入站点，因为 Bob 不需要使用设计工具，因此 Megan 只为 Bob 赋予了 Collaborative Industry Innovator 角色。

除此之外，Megan 在“配置成员邀请”选项卡中打开了“自动取消对成员或组的过期角色的授权”选项，如图 7-9 所示，以便让过期角色的授权自动取消，以避免额外的消息通知。

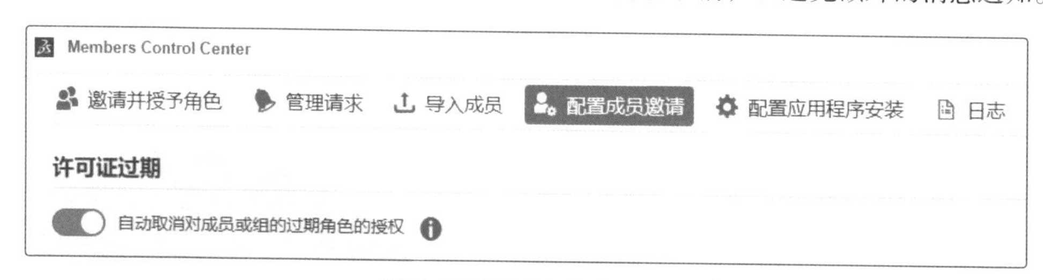

图 7-9　许可证过期选项

7.2.2　社区设置

完成成员邀请后，Megan 开始创建产品设计交流社区以供项目组进行设计沟通，她可以通过“Communities”选项卡完成这一步骤。

在“管理社区”选项卡，单击“+ 社区”图标 + 社区 创建社区，Megan 将社区命名为“产品开发沟通”，并为此社区添加了相应的描述。

Megan 希望只有她邀请的成员可以看见并加入此社区，因此她在社区的可见性选项中，将社区员工的可见性与外部合作者的可见性均设置成了“机密”，如图 7-10 所示。如此，公司站点中的其他成员将无法发现并申请加入该社区。

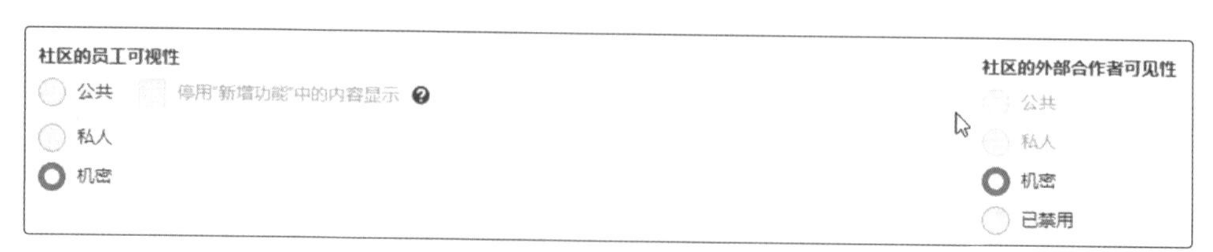

图 7-10　社区可见性

除了社区的可见性，Megan 没有修改其他的社区选项。完成设置修改后，Megan 通过单击社区图像右上角的“更改”图标为社区添加了缩略图，如图 7-11 所示。

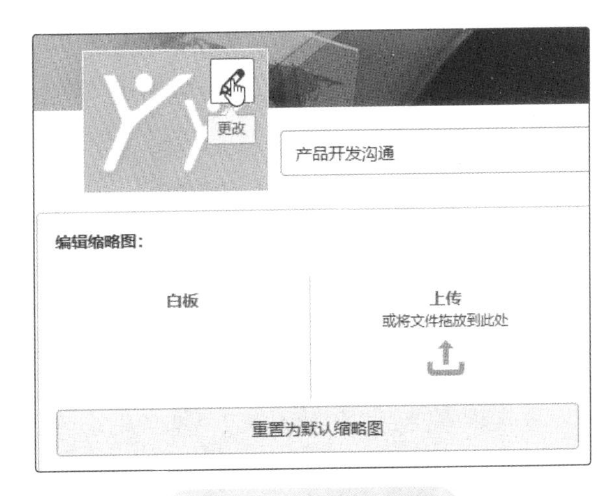

图 7-11　修改社区图像

7.2.3　合作区创建

接下来 Megan 将要在“Content”选项卡中创建项目组进行设计协作的合作区（3DSpace），后续 Square Robot 项目的设计数据及其文档、书签、问题等相关内容都将存放在此。

单击“Content”选项卡，滚动页面到“Collaborative Spaces Control Center”窗口，在“管理合作区”选项卡中，单击“新建合作区”图标 + 新建合作区 创建合作区。Megan 将自己设置为合作区的主要所有者，并将合作区命名为“Square Robot Development”，用于 Square Robot 项目设计工作，如图 7-12 所示。

创建协作区
主要所有者　Megan Manager ✖
标题 *
Square Robot Development
描述
用于Square Robot项目

图 7-12　创建合作区

作为进行中的项目，目前还不需要项目小组以外的人员查看任何状态的数据，因此 Megan 将合作区的可见性也设置成了“私人”，如图 7-13 所示。

可见性
私人 - 内容仅对成员可见
创建　取消

图 7-13　合作区可见性

为了方便管理，Megan 在“管理设置”选项卡中关闭了“允许所有新用户创建协作区”选项，如图 7-14 所示。故此，仅 Megan 可以创建合作区，其他用户将无法创建合作区。

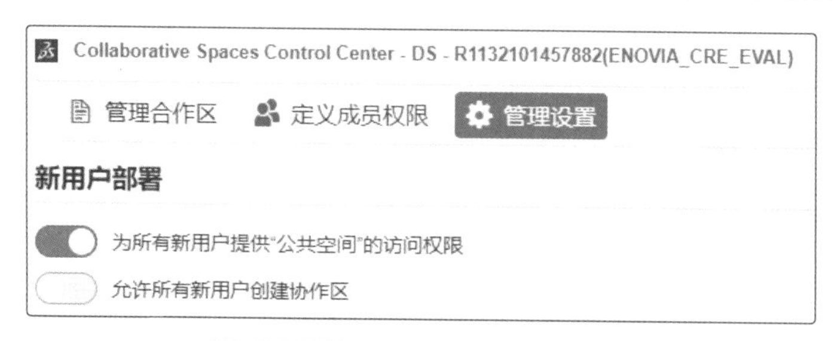

图 7-14　新用户创建合作区选项

7.2.4　合作区设置

数据的属性对于数据非常重要，因此，接下来 Megan 需要为“物理产品”等平台中的对象添加一些自定义的属性，并与 SOLIDWORKS 文件的属性进行关联，以便后期使用 6WTags 对数据进行筛选。她可以通过“Collaborative Spaces Configuration Center”窗口进行属性管理。

1. 属性管理

滚动页面至“Collaborative Spaces Configuration Center”窗口并最大化它，Megan 将在此为“物理产品”新增自定义属性。选择“属性管理”选项卡，单击“搜索类型”图标🔍，搜索并打开“物理产品”。在“物理产品”的属性列表中，单击“添加属性”图标➕新增属性。Megan 在此处新增了 Project、Customer、Time_Constraint、Make_Or_Buy 及 Process_Specification 5 个属性，并分别将它们的 6W 谓词对应为项目、客户、时间约束、制作或购买？、流程规格，如图 7-15 所示。

类型（长度）	名称	标题	默认值	必需	导出到3DXML	多值	重复时重置	进行版本控制时重置	只读	可搜索	授权值	6W 谓词	尺寸（单位）	操作	部署状态
字符串	Project	Project								✓		项目 ×			✓
字符串	Customer	Customer			✓					✓		客户 ×			✓
字符串	Time_Constraint	Time_Constraint								✓		时间约束 ×			✓
字符串	Make_Or_Buy	Make_Or_Buy								✓		制作或购买? ×			✓
字符串	Process_Specification	Process_Specification			✓					✓		流程规格 ×			✓

图 7-15　新增“物理产品”属性

返回“属性管理”选项卡，搜索“绘图”（Drawing），Megan 为“工程图”添加了 Project、Customer 与 Finish 3 个自定义属性，如图 7-16 所示。

类型（长度）	名称	标题	默认值	必需	导出到3DXML	多值	重复时重置	进行版本控制时重置	只读	可搜索	授权值	6W 谓词	尺寸（单位）	操作	部署状态
字符串	Project	Project			✓					✓					✓
字符串	Customer	Customer			✓					✓					✓
字符串	Finish	Finish								✓					✓

图 7-16 新增“工程图”属性

2. CAD 协作

返回至“Collaborative Spaces Configuration Center”页面，接下来 Megan 需要建立 SOLIDWORKS 文件与 3DEXPERIENCE 数据之间的属性映射。

在“Collaborative Spaces Configuration Center”页面中单击“CAD 协作”，并在“连接器”中选择“SOLIDWORKS”，Megan 可以在“属性映射”页面中通过新建的方式，为 SOLIDWORKS 的装配体、零部件、图纸等类型建立与 3DEXPERIENCE“物理产品”和“工程图”之间的属性映射，如图 7-17 所示。

▼ 物理产品	<=>	装配体（系列项目）		
产品属性	侧面	CAD 属性	操作	部署状态
Time_Constraint	◀▶	Time_Constraint		✓
Customer	◀▶	Customer		✓
Project	◀▶	Project		✓
Make_Or_Buy	◀▶	MakeOrBuy		✓
Process_Specification	◀▶	Process		✓

图 7-17 属性映射

在 SOLIDWORKS 数据类型的“设置”窗口中，Megan 还可以定义保存数据时内容的命名规则等设置。此处 Megan 没有修改这些设置，而是保留了它们的默认设置。

7.3 沟通协作

当技术经理 Megan 完成了平台的基础准备工作后，便可以开始着手项目组的设计沟通交流工作。Megan 首先会创建工作仪表板并与团队分享，再邀请团队成员加入社区进行讨论，而后为各成员分配任务。

扫码看视频

7.3.1 协作准备

Megan 首先会创建一个工作仪表板，此仪表板将会作为项目组的工作仪表板，以便项目组成员能通过仪表板及时浏览重要信息，提升工作效率。Megan 将新仪表板命名为“Square Robot 协同产品开发”，如图 7-18 所示。

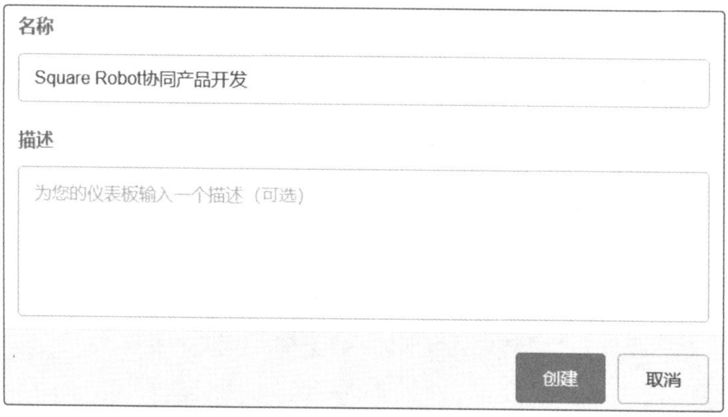

名称
Square Robot协同产品开发
描述
为您的仪表板输入一个描述（可选）
创建 取消

图 7-18 创建工作仪表板

Megan 将第一个选项卡命名为“社区”，并将 3DSwym 应用放置其中。在 7.2 节，Megan 已经通过管理员仪表板中的“Communities”选项卡创建了交流社区“产品开发沟通”，因此，我们可以在 3DSwym 应用中的“我的社区”中看到“产品开发沟通”社区，如图 7-19 所示。

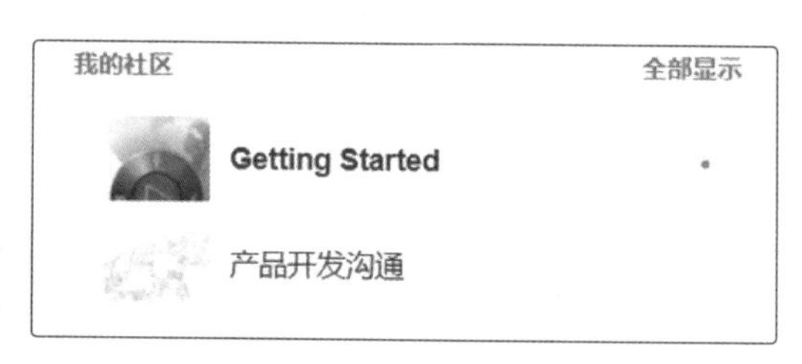

图 7-19 我的社区

接下来，Megan 需要把项目组的其他成员添加入社区。选择“产品开发沟通”社区，并查看社区的所有成员。因为 Megan 是社区的所有者，所以 Megan 有权为社区添加成员。单击“添加成员”图标，Megan 将 Don、Debbie 和 Bob 加入社区。Don、Debbie 需要能创建并编辑所有内容，因此 Megan 赋予了他们作者身份，Bob 只需要浏览所有内容和对内容进行评论，因此 Megan 为他赋予了供稿人身份，如图 7-20 所示。

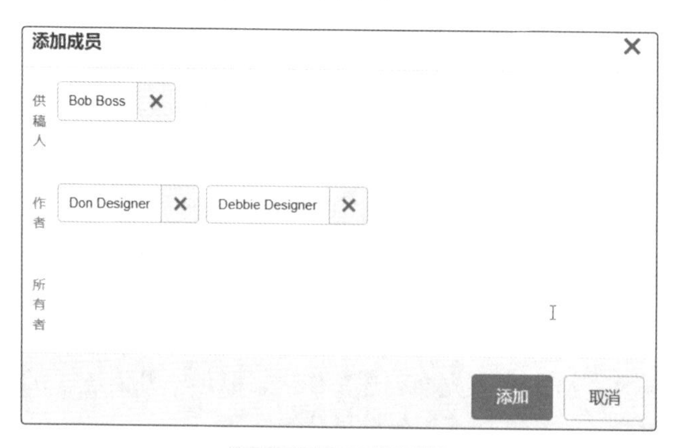

图 7-20 添加成员

完成成员的添加后，Megan 在社区中发布了第一个帖子。在帖子中，Megan 告知项目组成员，平台已经设置完成，大家可以开始使用平台进行工作，并提醒大家注意“协作任务”选项卡，以便及时查看自己被分配的任务，如图 7-21 所示。在帖子的最后，Megan 特别提醒了 Don 和 Debbie，以便他们可以及时关注并浏览帖子内容。

基于3DEXPERIENCE完成Square Robot设计
3DEXPERIENCE平台已设定完成，现在我们可以基于3DEXPERIENCE完成的后续工作。
目前首要是完成Square Robot设计工作的遗留事项，包括脚轮及顶层标准件的安装等。详情请大家注意"Square Robot协同产品开发"的"协作任务"页面。
@Don Designer @Debbie Designer

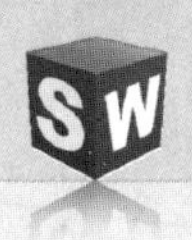

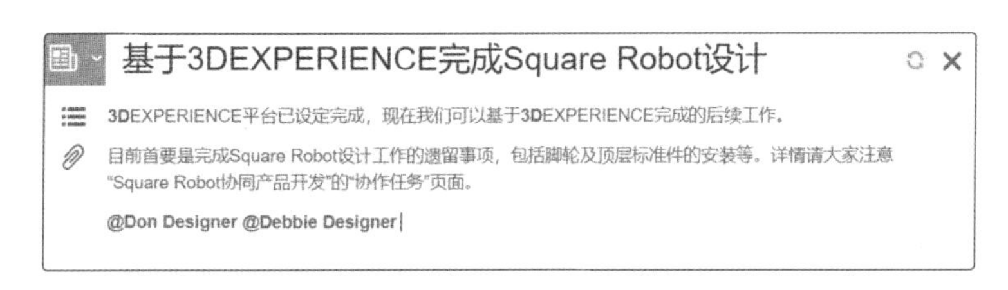

图 7-21 发送帖子

7.3.2 任务布置

在完成社区建设后，接下来 Megan 需要为 Square Robot 项目分配具体任务。Megan 在仪表板上创建了第二个选项卡，将其命名为“协作任务”，并将 Collaborative Tasks 应用放置其中。

第一次打开 Collaborative Tasks 应用时，其中会有几个系统自动创建的用于提示的待办任务。Megan 已经了解如何使用 Collaborative Tasks 应用，因此她将这几个待办任务全部删除。在开始正式分配任务前，Megan 打开“首选项”，确认自己是否已选择了正确的凭据，如图 7-22 所示。

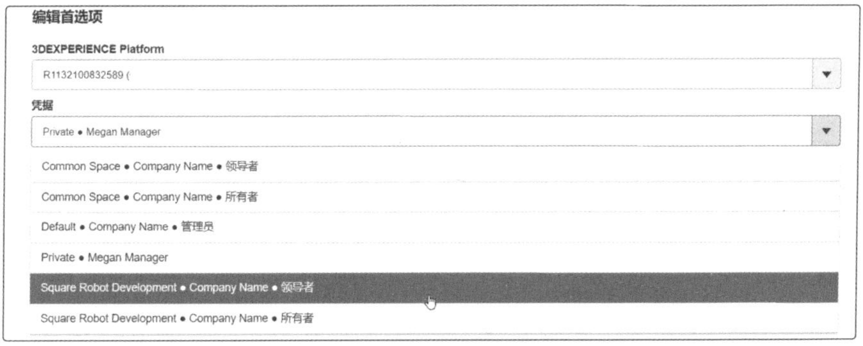

编辑首选项
3DEXPERIENCE Platform
R1132100832589 (
凭据
Private • Megan Manager
Common Space • Company Name • 领导者
Common Space • Company Name • 所有者
Default • Company Name • 管理员
Private • Megan Manager
Square Robot Development • Company Name • 领导者
Square Robot Development • Company Name • 所有者

图 7-22 选择凭据

Megan 给 Don 指派了两个任务，要求 Don 上传已完成的设计数据，并为顶层装配体添加标准件。Megan 给 Debbie 也指派了两个任务，要求 Debbie 给部件上盖 01369 安装脚轮，同时检查整体设计，如图 7-23 所示。

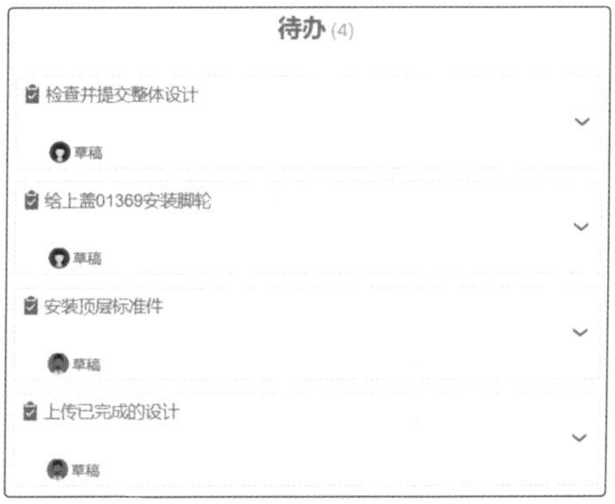

待办 (4)
检查并提交整体设计
草稿
给上盖01369安装脚轮
草稿
安装顶层标准件
草稿
上传已完成的设计
草稿

图 7-23 创建待办任务

7.3.3 合作区成员

接下来，Megan 创建了仪表板的第三个选项卡——“设计数据”，并将 3DSpace 应用放置其中。在 3DSpace 中，目前已有两个合作区，分别是 Common Space 和 Square Robot Development。

Common Space 是平台默认自动创建的，根据 Megan 在 7.2.3 节的设置，所有用户都可以查看并使用该合作区。Square Robot Development 是 Megan 在管理员仪表板中创建的合作区，此合作区将用于存放所有 Square Robot 项目的设计数据及相关文档等。

Don 与 Debbie 需要有在 Square Robot Development 合作区中保存、修改数据的权限，因此 Megan 将 Don 与 Debbie 邀请进入该合作区，并赋予他们作者身份。

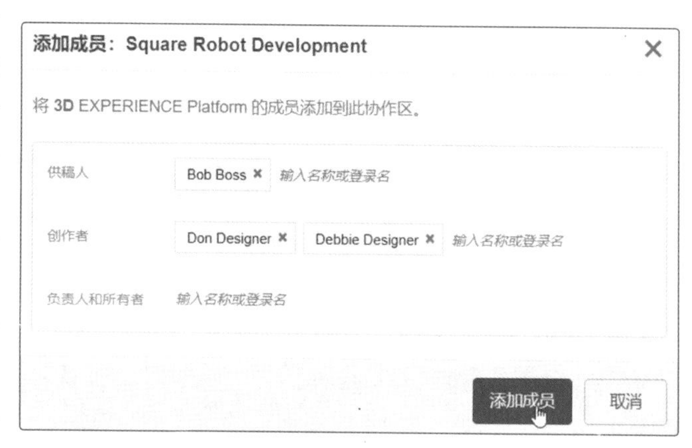

图 7-24　添加合作区成员

Bob 需要能够查看合作区内的数据，因此 Megan 为他赋予了供稿人身份，如图 7-24 所示。

7.3.4 共享仪表板

现在 Megan 已经完成了工作仪表板的创建与布局，她还需要将该仪表板共享给其他成员。单击“Square Robot 协同产品开发”仪表板的下拉按钮，选择“管理仪表板”，在弹出的页面中，Megan 即可为仪表板添加成员。

Bob 需要能够查看仪表板，并编辑仪表板中 Web Notes 等应用的内容，因此 Megan 赋予其供稿人身份。Don 与 Debbie 不但需要能查看仪表板，还需要能够在仪表板内添加应用，即修改仪表板，因此 Megan 赋予了他们所有者身份，如图 7-25 所示。

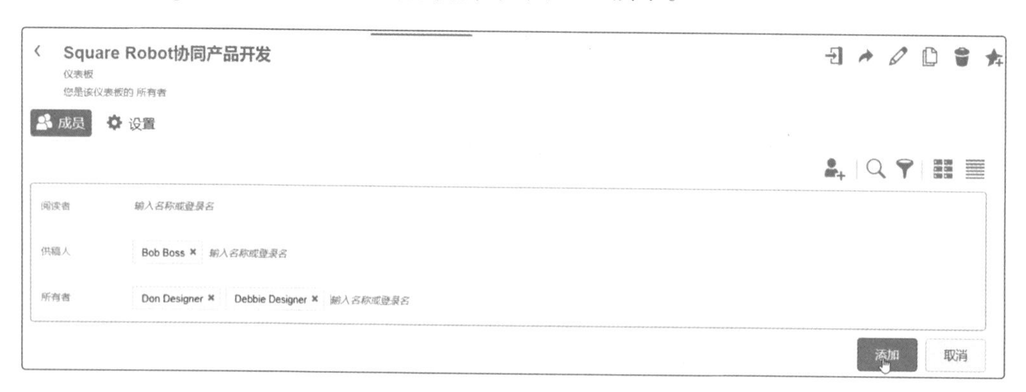

图 7-25　共享仪表板

7.3.5 成员登入站点

此时，Megan 已经完成了初期的所有准备工作，她为所有成员分配了角色，并与大家共享

了社区、合作区及仪表板，项目组成员即将开始设计与交流工作。

因为 Megan 在帖子中单独提醒了 Don 与 Debbie，因而两人会收到通知，如图 7-26 所示。同时，由于 Megan 已经将工作仪表板共享给所有成员，所以 Don 与 Debbie 可以在登入后，从“Square Robot 协同产品开发”仪表板的“社区”页面直接浏览 Megan 发布的帖子。

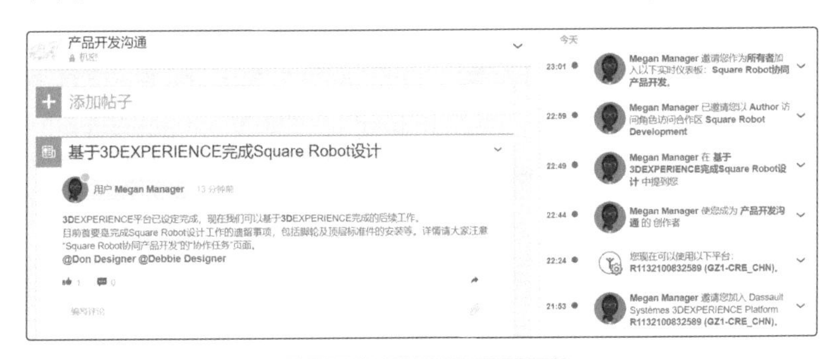

图 7-26　点赞并查看通知

Bob 同样也登入了平台，他在浏览过 Megan 的帖子后，给予了评论：“3DEXPERIENCE 将让我们可以更加紧密地协作，更高效地完成所有工作！”

7.3.6　查看反馈

Don 与 Debbie 对帖子的点赞，Bob 对帖子的评论，所有这些操作，Megan 作为帖子的发布者，都可以通过平台中的“通知”及时了解到。Megan 在浏览 Bob 的评论后，同样对评论给予了点赞，以感谢 Bob 的支持。

7.4　基于数据的协作

在上一节中，技术经理 Megan 已经与团队成员共享了合作区与社区，并给他们指派了具体任务。在这一节中，两位团队成员 Don 与 Debbie 将根据 Megan 指派的任务完成各自的工作。

扫码看视频

7.4.1　创建书签

Don 在接收到任务通知以后，通过协作任务选项卡中的 Collaborative Tasks 应用浏览任务详情。在得知自己的具体任务后，Don 将“待办”中的“上传已完成的设计”任务拖放至“工作中”状态栏，如图 7-27 所示。与此同时，Megan 也可以在自己的 Collaborative Tasks 应用中看到，此任务已被更新至工作中状态。

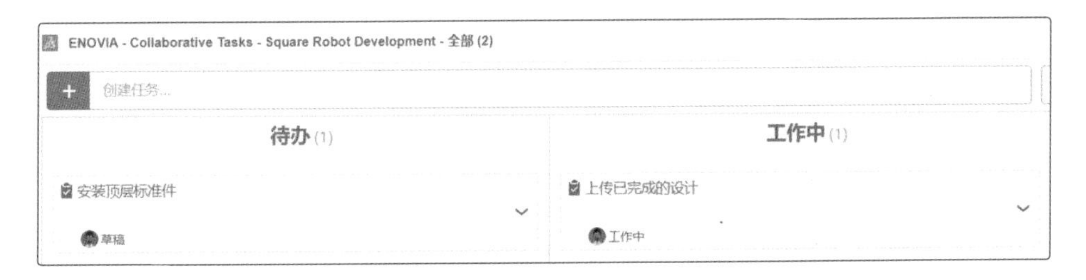

图 7-27　拖放改变任务状态

在开始上传已完成的设计数据前，Don 在设计数据选项卡中添加了一个应用——Bookmark Editor。Don 希望通过 Bookmark Editor 来更加方便地组织和管理数据，以及完成数据检索和批量修改数据成熟度等操作。因此，他将 Bookmark Editor 放置在设计数据选项卡窗口的左侧，将 3DSpace 放置到右侧，并调整各自大小，使其布局更加合理。

完成 Bookmark Editor 的布局后，Don 在书签根目录下创建了一个名为“Square Robot”的书签，并将书签成熟度改从草稿变更为工作中，如图 7-28 所示。当书签的成熟度变更为工作中后，项目组的其他成员也都将可以浏览书签并在书签中添加内容，即实现基于书签的协作。

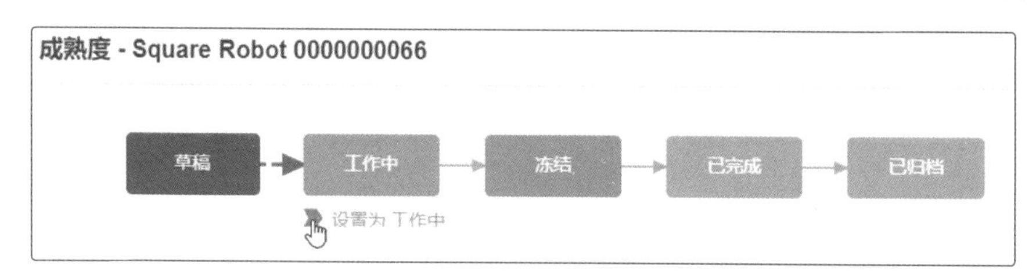

图 7-28 改变书签成熟度

7.4.2 上传本地数据

接下来，Don 将要把前期在本地已完成的设计数据保存至合作区。他通过 3D 罗盘启动了 Design with SOLIDWORKS，并在 SOLIDWORKS 中登入了自己的 3DEXPERIENCE 账号，以建立桌面版 SOLIDWORKS CAD 与 3DEXPERIENCE 平台之间的联系。

在打开的设计数据中，共存在两种状态的数据，一部分数据尚未保存到平台，另一部分数据显示为已保存并已发布。已保存并已发布的这些数据属于 Square Robot 项目中的标准件，它们已被保存至 Common Space。标准件属于通用数据，因此被单独存储于可供所有人使用的合作区，如图 7-29 所示。

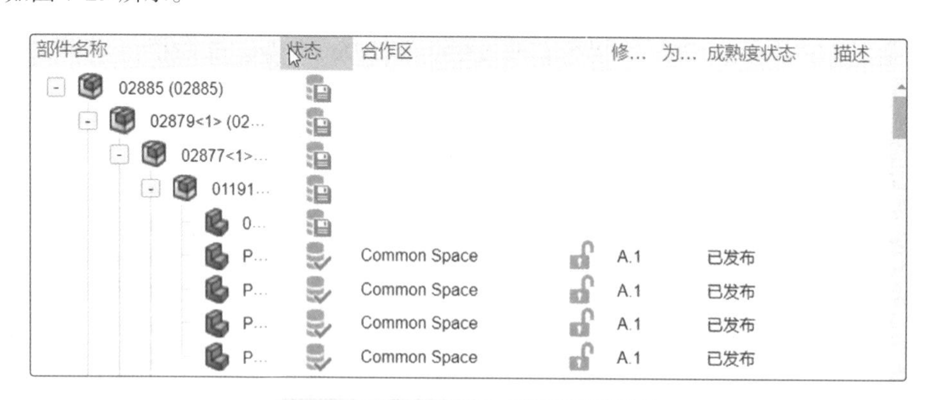

图 7-29 已被保存和发布的标准件

另一部分数据是尚未上传到平台的数据，这些数据是本地已完成的设计数据。接下来，Don 需要将这些数据上传至 3DEXPERIENCE 平台。

右击顶层装配体，选择“通过选项保存”并单击“Copy”，于是 Don 将本地的 Square Robot 项目设计数据复制到工作文件夹并保存到平台中。此时，这些被上传的设计数据仍处于工作中状态，且未被锁定，如图 7-30 所示。

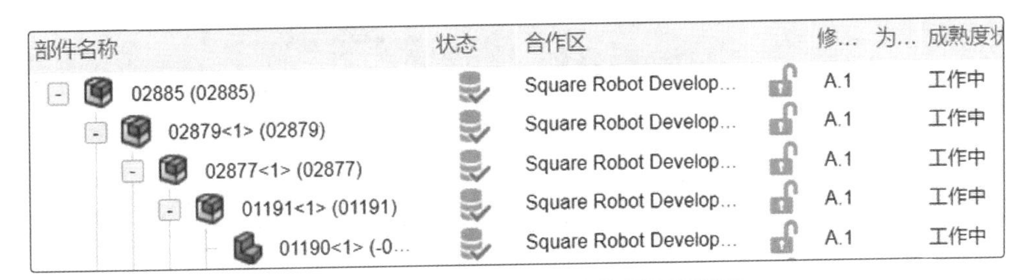

图 7-30　保存到 3DEXPERIENCE 平台

在进行数据保存时，Don 应该确认是否选择了正确的凭据，如图 7-31 所示。此步骤非常重要。然后，Don 再通过 MySession 窗格查看自己是否选择了正确的合作区。

图 7-31　选择合适的凭据

在 SOLIDWORKS 的 MySession 窗格中，Don 通过单击 3D 罗盘上的按钮快速搜索并打开了 Collaborative Tasks 应用。他将已保存的顶层装配体添加到任务的“可交付物”栏中，方便 Megan 在任务详情中查看交付物，如图 7-32 所示。

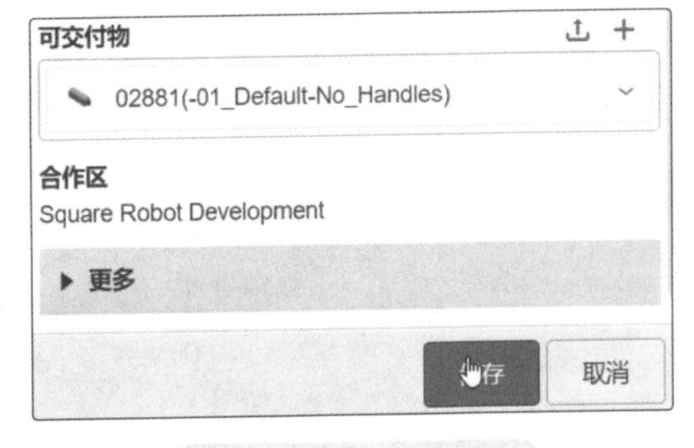

图 7-32　添加可交付物

完成任务提交后，Don 在任务的评论中特别提醒 Debbie，告知她模型已上传，并让 Debbie 可以尽早开始她的设计任务。

以上所有工作，Don 都不需要离开桌面 SOLIDWORKS 的界面。

7.4.3　为顶层装配体添加标准件

接下来，Don 将开始完成 Megan 交付给他的第二个任务：安装顶层装配体的标准件。首先，他将此任务拖拽到“工作中”状态栏，来告知 Megan 他已开始此部分的工作。然后切换回 MySession 窗口，以方便浏览数据结构及状态。

在开始添加标准件前，Don 先锁定了顶层装配体，以确保其他用户不能编辑此装配体。

单击展开设计库窗格，Don 可以从此处快速找到合适的标准件并将其安装到顶层装配体中，而后使用阵列完成整个顶层装配体的标准件添加工作，如图 7-33 所示。

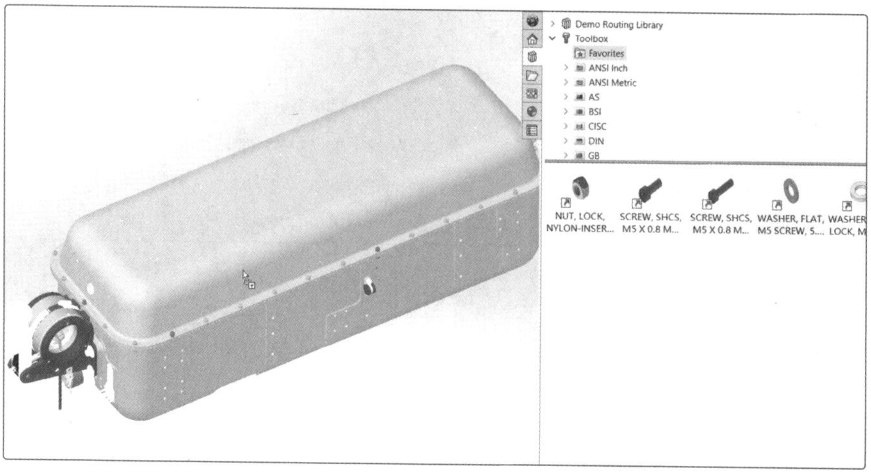

图 7-33　添加标准件到顶层装配体

7.4.4　安装脚轮

此时，Debbie 收到了 Don 提醒她的消息，她在 Don 的评论中给予回复，感谢 Don 及时告知任务完成情况，接下来 Debbie 也将开始她的工作任务。

首先，Debbie 将“给上盖 01369 安装脚轮”任务拖放至“工作中”状态栏，告知 Megan 她已经开始执行此任务。

然后，她切换回 MySession 窗口，利用平台的搜索功能快速找到并打开 01369 装配体。在 MySession 窗口中，Debbie 通过 Relations 应用查看脚轮零件的上下文关系，以此判断脚轮的修改会影响到哪些部件，如图 7-34 所示。

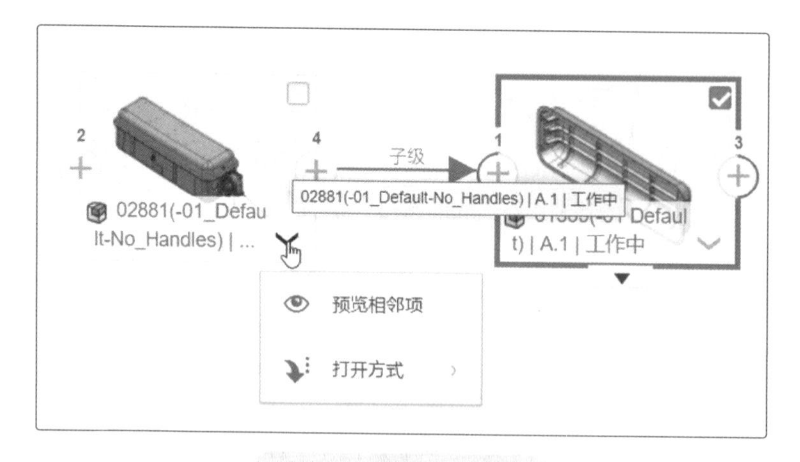

图 7-34　Relations 应用

通过查看，Debbie 发现顶层装配体已被 Don 锁定，如图 7-35 所示。此状态代表 Don 目前正在编辑顶层装配体，而 Debbie 只需要编辑其子装配体 01369，双方互不影响，可以进行并行设计。

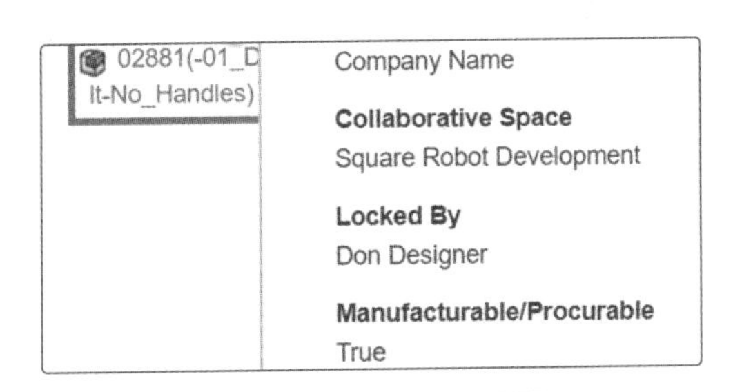

图 7-35 查看锁定状态

Debbie 锁定了 01369 装配体，开始为此装配体安装脚轮及标准件。

7.4.5 再次保存顶层装配体

在 Debbie 编辑 01369 装配体的同时，Don 也即将完成为顶层装配体添加标准件的工作。

Don 也可以在自己的 MySession 窗口中看到 Debbie 锁定了 01369 子装配体，如图 7-36 所示。

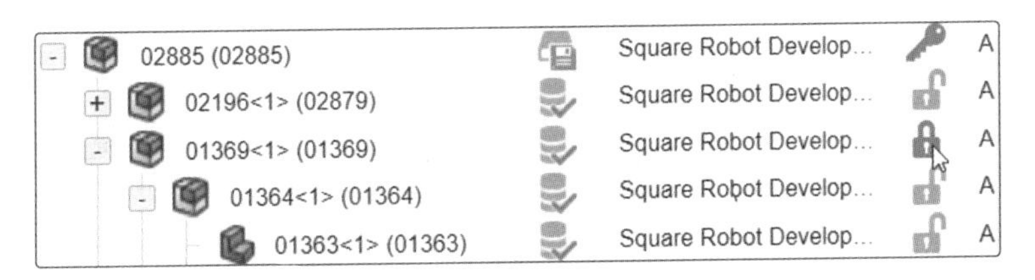

图 7-36 被其他用户锁定的零件

此时，Don 开始保存顶层装配体。在保存界面，Don 单击“锁定”命令，使所有被更改的模型处于锁定状态，即获得这些数据的修改权限，以确保修改的内容能被保存到平台中，如图 7-37 所示。

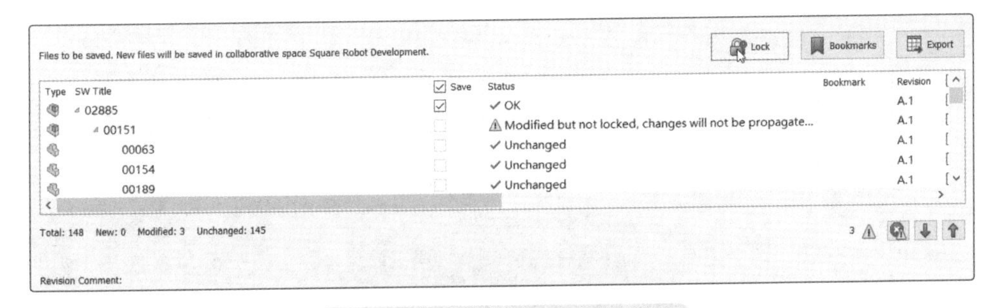

图 7-37 锁定所有被修改的零件

接下来，Don 单击“书签”命令，将修改后的顶层装配体关联到事先创建好的“Square Robot”书签目录下，方便后续管理和使用该数据，如图 7-38 所示。

最后，Don 在修订版备注中填入了修改的内容：“包含标准件”。同时 Don 勾选了“保存后解锁”选项，即保存完成后，自动将刚才锁定的设计数据解除锁定。

数据将被保存入 Square Robot Development 合作区。在保存完成后，Don 将工作界面切换到 Collaborative Tasks 应用，并将“安装顶层标准件”任务拖放至“已完成”状态栏，以此通知 Megan 他的任务已完成。

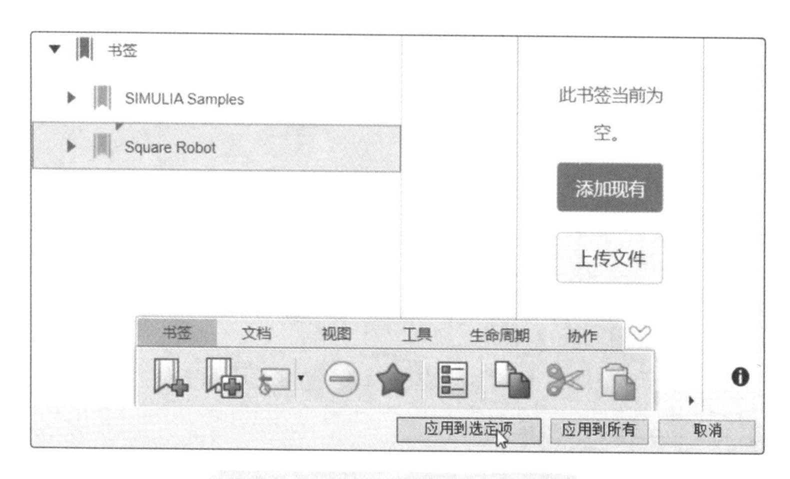

图 7-38　将设计数据添加到书签

此时，Debbie 也将可以修改并提交整体设计。

7.4.6　提交整体设计

现在，Debbie 也完成了安装脚轮的工作任务。在保存文件时，她也同样在修订版备注中添加了修订说明，方便 Megan 查阅修订详情。

在完成保存后，Debbie 解锁了其锁定的零部件。返回至 Collaborative Tasks 应用中，Debbie 将完成的设计添加到“可交付物”栏中，并更新了任务的状态，如图 7-39 所示。

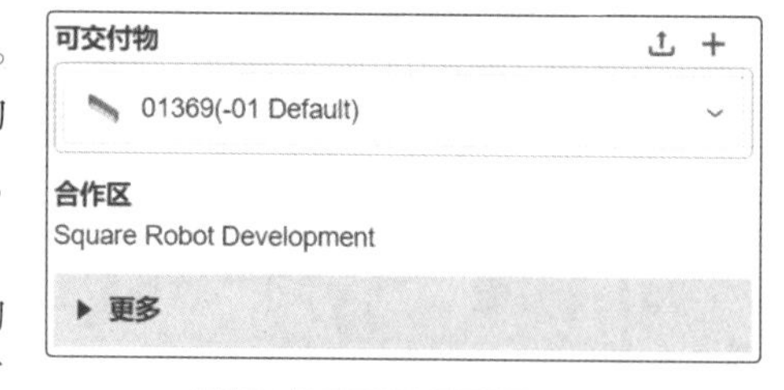

图 7-39　提交可交付物

接下来，Debbie 开始着手检查并提交整体设计的任务。通过 Relations 应用，Debbie 发现 Don 已解除了对总装配体的锁定，如图 7-40 所示。

图 7-40　整体设计的状态

完成整体设计的检查后，Debbie 将总装配体锁定后保存，并将其添加到任务的“可交付物”栏中。在任务的评论中，Debbie 特别提醒了 Megan，通知她“初版设计已提交”，如图 7-41 所示。

图 7-41　评论并通知 Megan

7.4.7　数据冻结

数据在正式发布前，需要先进行数据冻结，确保审核人员在审核数据时，其他成员无法更改数据，以免造成数据的不一致。因此，Megan 通过 Conversation 给 Don 发了一条信息，要求他在数据保存后冻结数据。Don 在收到消息后，及时给予了回复，如图 7-42 所示。

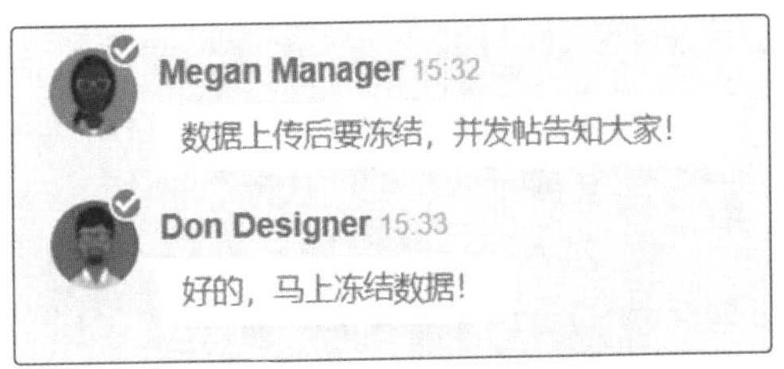

图 7-42　使用 Conversation 沟通

因为之前 Don 使用 Bookmark Editor 制作了“Square Robot”书签，并已将整体设计关联于该书签目录下，所以现在 Don 可以很方便地从“Square Robot”书签下找到设计数据。在更改成熟度时，Don 勾选了“包括结构对象”复选框，使所有设计数据的成熟度能跟随顶层装配体的成熟度一同更改。Don 将所有设计数据的成熟度变更为冻结状态。

完成成熟度的变更后，Don 使用 Product Explorer 查看数据结构，通过自定义 Product Explorer 的树列表视图选项，将成熟度列与锁定列固定至结构树的最左端，以方便确认所有数据是否已全部冻结。

之后，Don 在“产品开发沟通”社区中发布了一篇新帖子。在帖子中，Don 分别特别提醒了 Megan 与 Debbie，告知她们初版数据均已冻结，并将数据冻结的截图作为附件添加到了帖子中，方便大家确认，如图 7-43 所示。

初版设计已冻结

请大家了解！

@Megan Manager @Debbie Designer

02881(-01_De... 冻结		A.1	物理产品
00151(De... 冻结	00151<1>(001...	A.1	物理产品
00788(De... 冻结	00788<1>(007...	A.1	物理产品
02879(-01... 冻结	02879<1>(028...	A.1	物理产品
01369(-01... 冻结	01369<1>(013...	A.1	物理产品

图 7-43　Don 发布帖子

7.5　数据治理

如今项目小组已经提交初版设计，在接下来的内容中，Megan 将审核整体设计。针对需要修改的地方，项目组将利用平台强大而丰富的功能完成设计变更与产品发布，让数据变更可以更加简单，而且管理有迹可循。

7.5.1 提出问题

Megan 在产品开发沟通社区中浏览到 Don 发布的帖子，了解到初版设计任务已完成，设计数据也已冻结。Megan 对 Don 发布的帖子给予点赞，以感谢他的工作。Megan 同时通过 Collaborative Tasks 应用确认大家均已完成了所分配的任务，如图 7-44 所示。

图 7-44 查看任务状态

接下来 Megan 需要查看模型，她通过 Bookmark Editor 选中了顶层装配体，而后从 3D 罗盘中启动了 3DPlay，从而快速打开需要浏览的顶层装配体。在 3DPlay 中，Megan 利用“分解”命令非常简单而快速地获得了装配体的爆炸效果，这样 Megan 可以更好地从整体上理解产品，发现潜在问题，如图 7-45 所示。

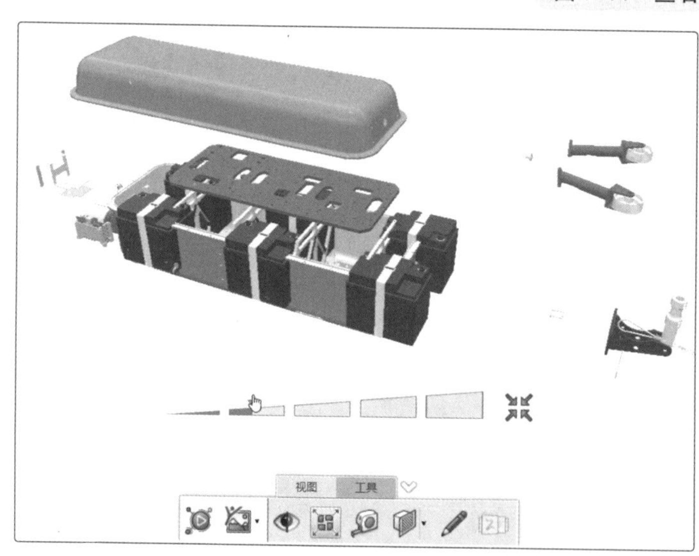

图 7-45 分解装配体

检查完装配体后，Megan 发现初版设计中确实存在一些潜在风险，故而使用 Issue 3D Review 提出问题。通过 3D 罗盘启动 Issue 3D Review 后，视窗中模型保持不变，3DPlay 将自动切换为 Issue 3D Review。

在 Issue 3D Review 应用中，Megan 首先确认了“首选项”中的凭据是否正确，然后创建了一个新问题。她将问题命名为“过度变形风险”，并添加了问题详细描述和解决方法。在“内容”选项卡中，Megan 利用选取精细元素的功能将脚轮装配体（6 个层级中的第 4 级）作为问题的报告对象，Issue 3D Review 将自动把顶层装配体作为关联项添加到上下文中，如图 7-46 所示。

在“成员”选项卡中，默认的受托人是此数据的所有者 Don。Megan 想将任务指派给 Debbie, 因为 Debbie 对脚轮结构更熟悉。因此她将 Don 从受托人栏中移除，并将 Debbie 添加进受托人栏中。

完成问题的创建后，Megan 通过双击视窗中的问题标记来查看问题详情。她也可以在工

具栏的基本工具中选择“检查问题”命令来浏览问题的详情。确认无误后，Megan 关闭了 Issue 3D Review。

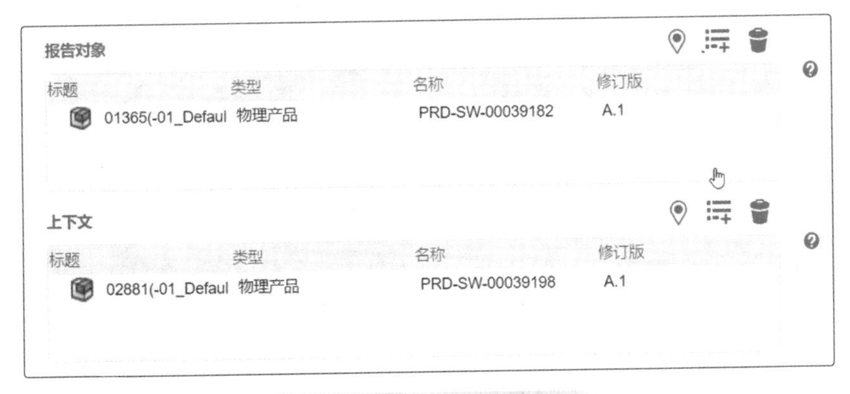

图 7-46 报告对象及上下文

7.5.2 补充问题描述

接下来，Megan 需要通过 Issue Management 去管理已创建问题，她通过 3D 罗盘找到并启动了该应用。Issue Management 是管理问题的重要工具，项目组的每个成员都将会经常使用它，因此 Megan 在仪表板上创建了新的选项卡——“设计管理”，并将 Issue Management 应用固定到该选项卡中。

在使用 Issue Management 管理问题前，Megan 首先确认了“首选项”中的凭据是否正确，以确保自己拥有足够的权限编辑 Issue Management 中的问题。如图 7-47 所示。

图 7-47 确认首选项凭据

返回 Issue Management，Megan 通过单击“信息”按钮来查看选中问题的详细信息。在问题的信息窗口中，Megan 可以浏览问题的成熟度、属性、相关对象、成员、附件、备注和历史记录等关键内容，如图 7-48 所示。

图 7-48 问题的详细信息

单击右上角的“3D 标记”图标，Megan 准备创建一个新的 3D Markup 作为问题的附件，来补充说明问题，让 Debbie 清楚地了解问题和自己的建议。由于新标记是通过已存在的问题创建的，所以它将会继承问题的名称与描述等内容。为了方便区分，Megan 将新标记重命名为“请考虑添加横梁”。

在 3D Markup 中，为了从不同角度展示问题，Megan 采用俯视图新增了一张幻灯片。

在此幻灯片中，Megan 用手绘的方式示意需要在两个脚轮处添加横梁，并添加文本作为补充说明，这样可以让 Debbie 清楚地了解问题及自己的建议，如图 7-49 所示。

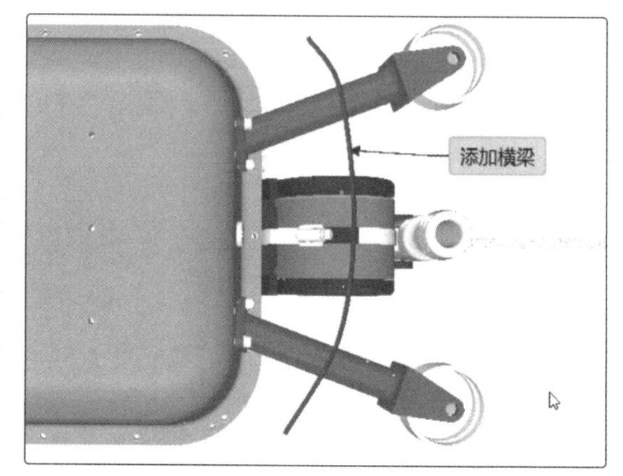

图 7-49　添加手动标记与文本说明

完成 3D Markup 的创建后，Megan 在问题的“附件”选项卡中可以看到刚刚添加的 3D Markup。在“备注”选项卡中，Megan 通知 Debbie 及时处理此问题。此时，Megan 已完成问题的创建及附件的添加等工作，问题的成熟度处于未决（To Do）状态，如图 7-50 所示。

图 7-50　问题的成熟度状态

7.5.3　查看问题

接下来 Debbie 需要开始着手处理问题。首先她需要了解问题的详情并给予回复。因为 Debbie 是“过度变形风险”问题的受托人，因此在 Issue Management 应用中她也可以查看问题的详情。

在“附件”选项卡中，Debbie 通过右击以 3D Markup 打开 Megan 添加的附件。浏览附件内容后，Debbie 已经知晓该如何解决问题，因此她在备注中回复 Megan 她将会创建 Change Action 来记录问题的解决，后续再请 Megan 审批，如图 7-51 所示。

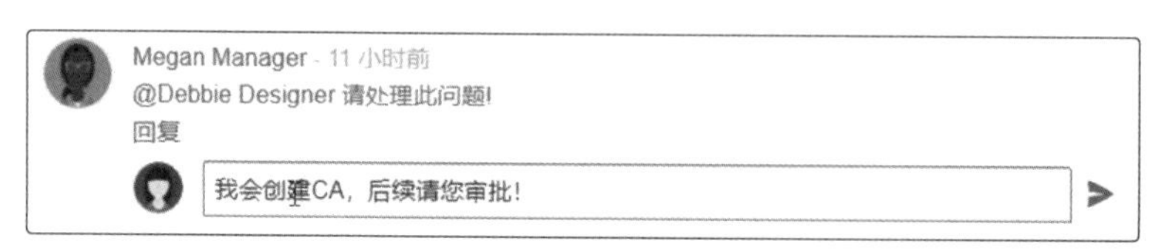

图 7-51　回复问题备注

7.5.4　创建更改

单击右上角的“更改操作”图标，Debbie 新建了一个更改操作，新建的更改操作同样继承了 Issue Management 中问题的名称与描述。由于 Debbie 还需要评估与编辑更改操作中的内容，因此 Debbie 选择将新建的更改操作保存为草稿，如图 7-52 所示。

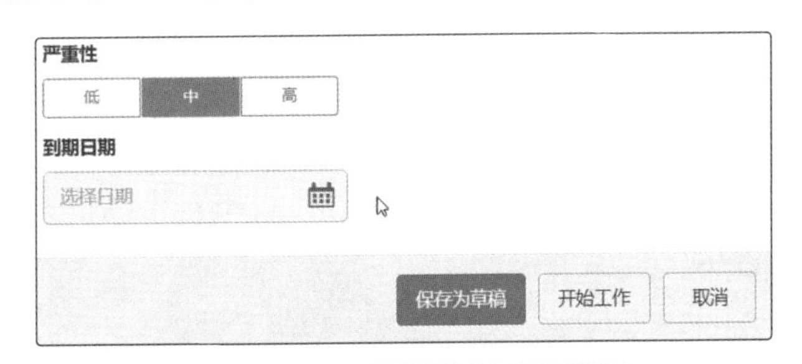

图 7-52　将更改操作保存为草稿

刷新 Issue Management，此时刚创建的更改操作会出现在问题的“相关对象”选项卡下的“解决方案”栏中。Debbie 可以在此处通过 Change Action 应用打开新建的处于草稿状态的更改操作草稿，如图 7-53 所示。

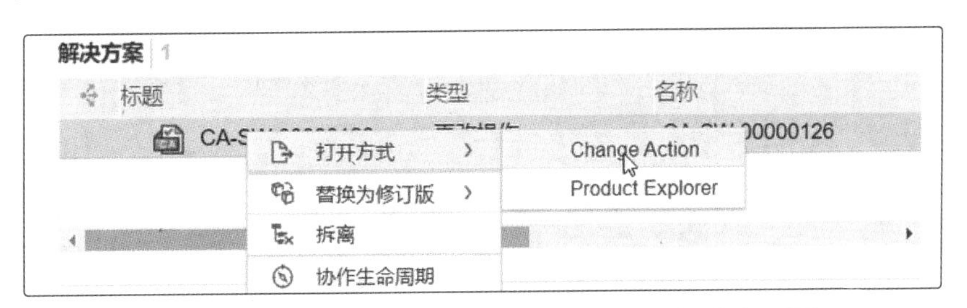

图 7-53　从 Issue Management 中打开 Change Action

打开更改操作后，Debbie 首先将 Change Action 固定至仪表板的“设计管理”选项卡下，方便项目组的成员能同时浏览 Issue Management 应用及 Change Action 应用中的内容。

在更改操作的“成员”选项卡中，Debbie 将 Megan 设置为此更改操作的审批人，另外添加 Don 作为更改操作的通知用户，如图 7-54 所示。这样，在 Debbie 完成更改操作后，Megan 将有权审批此更改操作，Don 也能够同步知晓更改操作的进程。

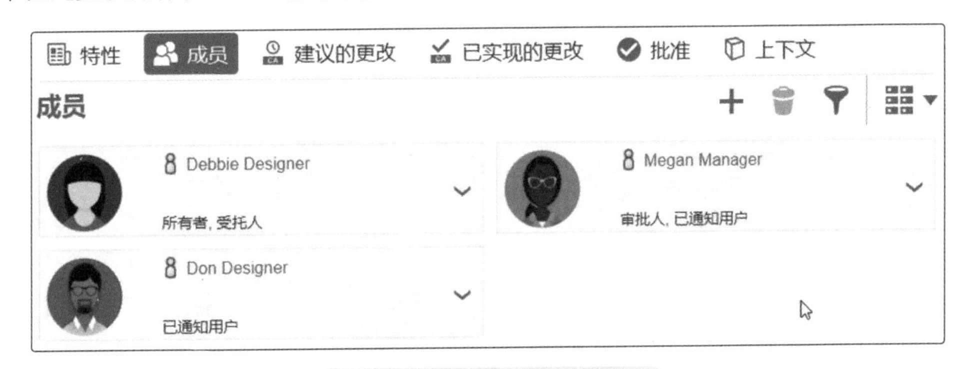

图 7-54　编辑更改操作的成员

切换至“建议的更改”选项卡，Debbie需要在此处评估及编辑建议的更改项。由于要在两个滑轮之间添加横梁，此举将会同时改变01365装配体涉及的零部件和装配体，因此，Debbie通过“更改评估”命令查看01365装配体的上下文关系，并将所有涉及变更的零部件都勾选拖拽至建议的更改项中，如图7-55所示。

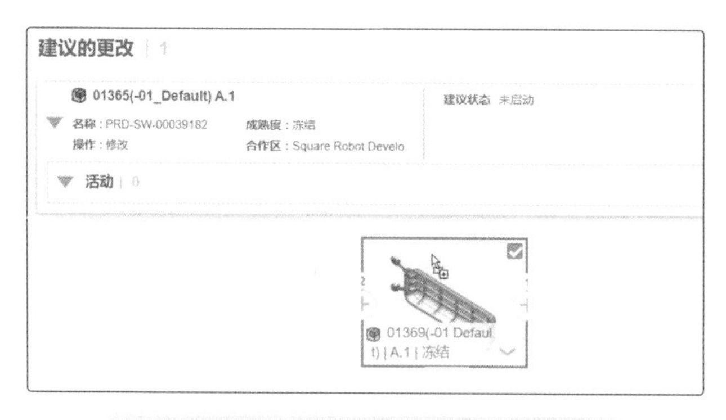

图7-55 通过更改评估新增建议的更改项

此处Debbie决定在保留初版设计数据的前提下新增一版设计，所以她将所有的建议更改项的“操作”都统一设置为“修订版”，如图7-56所示。

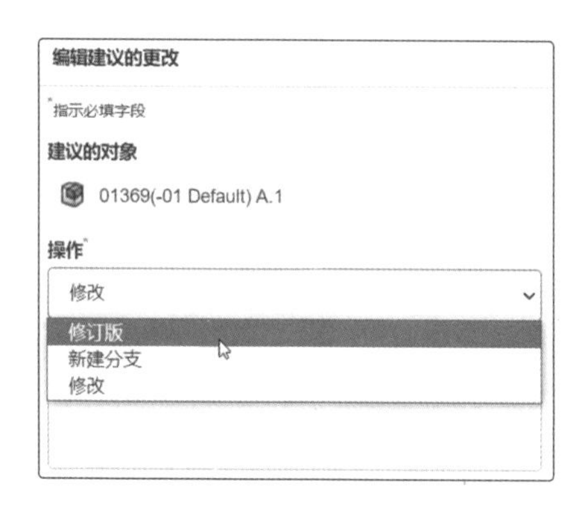

图7-56 编辑更改操作

完成更改操作的编辑后，Debbie将更改操作的成熟度由草稿变更到工作中。此时，在“已实现的更改”选项卡中将根据Debbie设置的更改操作自动新增对应的修订版，如图7-57所示。

图7-57 已实现的更改

当 Change Action 进入工作中状态时，作为其父级的问题的成熟度也将自动进入工作中状态。

7.5.5　执行更改

接下来 Debbie 将开始添加横梁的工作。在打开 Design With SOLIDWORKS 后，Debbie 通过 MySession 窗格找到新增的 B 版修订版，并将它打开。

在确认 MySession 的“首选项”中的凭据无误后，Debbie 激活了“work under change”，以实现当前工作与创建的更改操作关联，如图 7-58 所示。

接着 Debbie 锁定了需要修改的所有零部件，并依次新建横梁与添加标准件，如图 7-59 所示。

图 7-58　激活“work under change”

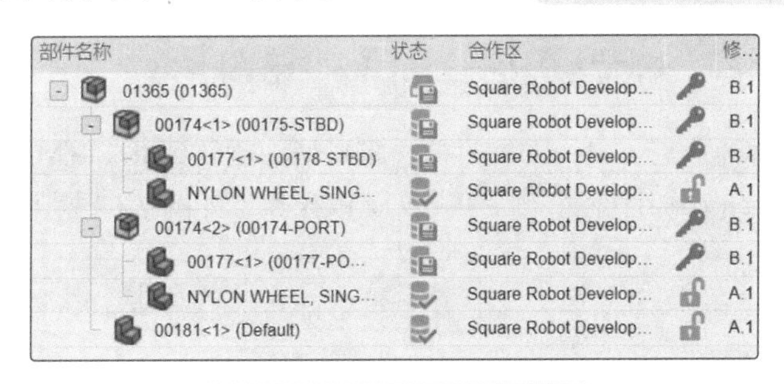

图 7-59　添加横梁及标准件

完成 B 版本的设计修改后，Debbie 将修改完的修订版保存到 Square Robot 书签目录下，以方便后续使用。在保存窗口中，Debbie 为修订版添加了修订版备注，并选择保存后解除锁定，让数据保存回平台后能够释放被锁定的状态。

最后，Debbie 需要将 B 版修订版交付给 Megan 进行审批。因此 Debbie 选中所有被修改的数据并将它们的成熟度都统一调整至冻结状态，并且在 SOLIDWORKS 中关闭了“work under change”。通过查看 Change Action 中的已实现的更改项，Debbie 确认所有数据均已冻结后，将此更改操作的成熟度调整至“In Approval”（即审批中状态），如图 7-60 所示。

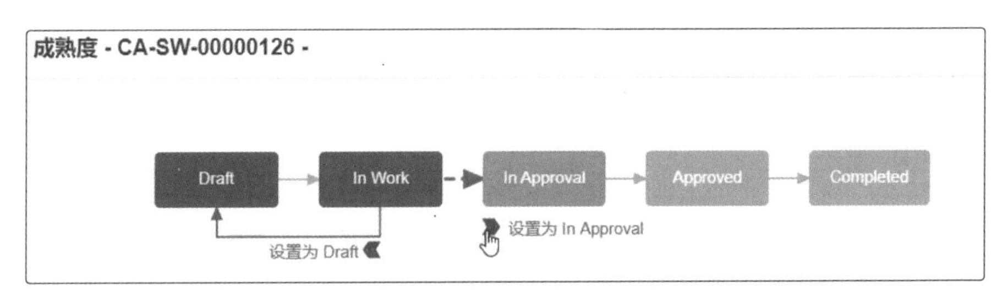

图 7-60　将更改操作的成熟度调整至审批中

7.5.6　关闭问题

在收到 Debbie 请求审批更改操作的通知后，Megan 进入 Change Action 应用。在 Change

Action 中，Megan 通过执行“与上一个比较”命令快速调用了 Compare 应用，从而比较 A.1 版本与 B.1 版本的区别，如图 7-61 所示。Megan 看到已为脚轮结构添加横梁，更改工作非常完美，可以化解潜在变形风险。

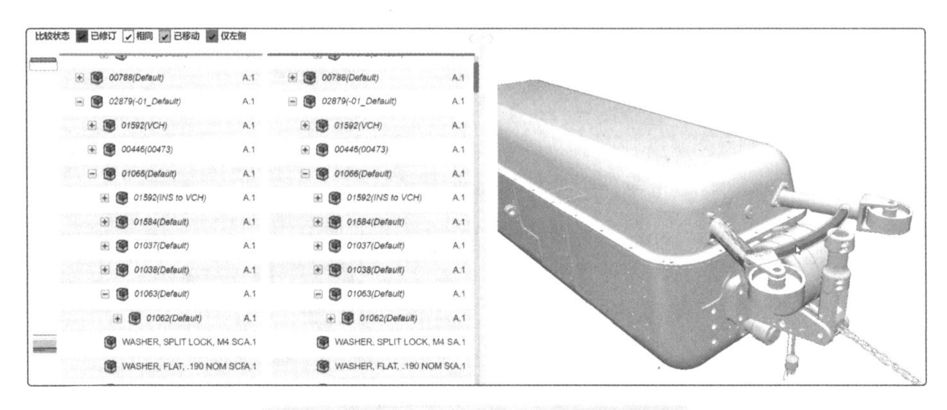

图 7-61　使用 Compare 比较版本差异

完成整体设计版本比对后，Megan 通过单击审批通知跳转到 Route Management 应用。在审批任务的详情中，Megan 添加评论并批准了此次更改操作，如图 7-62 所示。

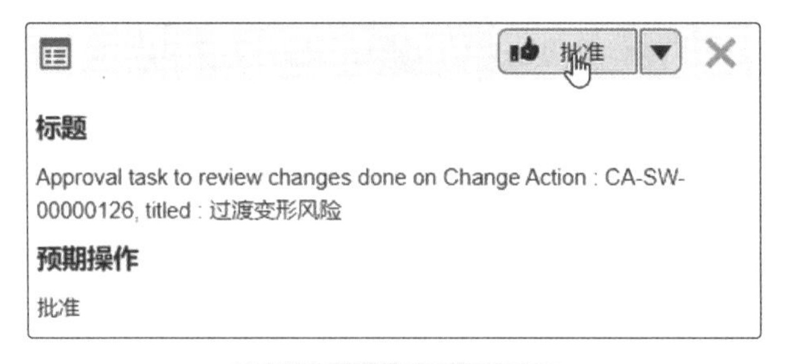

图 7-62　批准更改操作

Megan 返回至 Change Action 应用，并刷新应用。在 Change Action 中，“过度变形风险”更改操作的成熟度已变更至已完成状态。同时，在“已实现的更改”选项卡下的设计数据的成熟度也从冻结自动变更至已发布，完成了设计数据的发布。

再次切换至 Issue Management 应用，并刷新应用。在此应用中，“过度变形风险”问题的成熟度也已自动变更至“In Approval”状态。由于需要更改的内容均已完成且发布，问题已得到解决，因此 Megan 将问题成熟度变更至已完成状态，即将问题关闭，如图 7-63 所示。

图 7-63　完成问题

7.5.7　发帖总结

返回至“设计数据”选项卡，Megan 在书签目录下选中 Debbie 保存的 B.1 版本的设计数据并通过 3D 罗盘打开 3DPlay，利用 3DPlay 的截图功能，Megan 将 B.1 版本设计数据的 3D 图像直接发布到 3DSwym。Megan 选择帖子作为发布类型，并命名为“Square Robot 设计发布”。在帖子的内容中，Megan 感谢了 Debbie 及 Don 的努力，并说明 Square Robot 设计已经发布，如图 7-64 所示。

将图像发布到社区/会话

R1132100832589 (

社区　　对话

帖子

产品开发沟通

Square Robot设计发布

感谢Debbie及Don的努力，Square Robot设计已发布。

注意：创建帖子、问题或观点时，此内容将添加在您的描述文本后面。

发布　取消

图 7-64　从 3DPlay 中发布帖子

到此，项目组的所有工作内容均已完成。Bob 在社区中浏览到技术经理 Megan 发布的帖子，他感到非常高兴，点赞并回复内容：“很高兴看到大家基于 3DEXPERIENC 完成此项目的初版设计！感谢大家！相信 3DEXPERIENC 可以将我们的设计及管理提升到新高度！”

7.6　总结

通过 Square Robot 团队基于平台协作的故事，我们可以看到，不需要复杂的配置，不需要烦琐的实施，更不需要特别的定制，借助平台就可以让团队成员紧密连接、数据得到灵活管控，并获得一个规范、严谨的数据治理体系。

扫码看视频

附　　录

附录 A　中英文术语对照表

序号	英文	中文
1	Platform	平台
2	Tenant	站点
3	3DCompass	3D 罗盘
4	Dashboard	仪表板
5	Tab	选项卡
6	Role	角色
7	App	应用程序
8	3DSpace / Collaborative Space	合作区
9	Community	社区
10	Widget	小部件
11	Preference	首选项
12	3DShape	3D 外形
13	Contributor	供稿人
14	Author	创作者
15	Leader	负责人
16	Owner	所有者
17	Bookmark	书签
18	Credentials	凭据
19	Configuration	配置
20	Physical Product	物理产品
21	CAD Family	CAD 系列
22	Issue	问题
23	Change Action	更改操作
24	Route Manangement	流程管理

附录 B 3DEXPERIENCE WORKS 中的部分重点角色简介

序号	领域	类别	角色名称	简写代码	简介
1	设计与工程	机械结构	3DEXPERIENCE SOLIDWORKS Premium	XWC-OC	平台中的 SOLIDWORKS CAD
2			3D Creator	WXD-OC	网页端结构设计
3			3D SheetMetal Creator	XBT-OC	网页端钣金设计
4			3D Structure Creator	XSU-OC	网页端焊件设计
5			3D Mold Creator	XMO-OC	网页端模具设计
6			Manufacturing Definition Creator	XMB-OC	网页端工程定义及出图
7			3DEXPERIENCE DraftSight Premium	DRA-OC	平台中的 DraftSight
8			Function Driven Generative Designer	GDE-OC	轻量化结构设计
9		艺术美学设计	3D Sculptor	XFO-OC	网页端自由造型
10			3D Pattern Shape Creator	XGG-OC	纹理及样式设计
11			Creative Designer	CCS-OC	产品造型设计
12		电气	Electrical Schematic Designer	ESX-OC	电气原理图设计
13	仿真	结构优化	Structural Designer	SRD-OC	基本仿真角色，提供线性静态、屈曲、频率分析等功能
14			Structural Engineer	SLL-OC	在 SRD 基础上增加谐响应、模态动态分析和高级网格划分等
15			Structural Performance Engineer	SFO-OC	Abaqus 隐式求解器，另有热固耦合等功能
16			Durability Performance Engineer	FGP-OC	在 SFO 基础上增加疲劳分析（使用 Fe-safe 求解器）
17			Structural Mechanics Engineer	SSU-OC	Abaqus 隐式 + 显式求解器，另外包含几何清理和材料拟合功能
18			Durability and Mechanics Engineer	FGM-OC	在 SSU 基础上增加疲劳分析（使用 Fe-safe 求解器）
19		流体	Fluid Dynamics Engineer	FMK-OC	基于有限体积法，可以进行流体和传热仿真
20		注塑	Plastic Injection Engineer	IME-OC	注塑模流分析，包括流道设计、填充分析及缺陷分析等
21		电磁	Electromagnetics Engineer	EMC-OC	使用 CST 技术的全频段电磁分析
22		协作	Simulation Collaborator	SEI-OC	可以在团队内就仿真项目进行协作
23		运动	3D Motion Creator	XMD-OC	网页端运动和动力学分析
24	管理	规划	Project Planner	XPP-OC	网页端项目任务规划
25			Social Business Analyst	NBA-OC	大数据分析及关键词可视化
26		开发与发布	3D Product Architect	PAU-OC	网页端产品结构规划
27			Change Manager	CHG-OC	网页端产品变更管理
28			Product Release Engineer	XEN-OC	网页端产品发布管理

（续）

序号	领域	类别	角色名称	简写代码	简介
29	管理	开发与发布	Collaborative Designer for SOLIDWORKS	UES-OC	将桌面 SOLIDWORKS 接入平台
30			Collaborative Designer for Altium Designer	UDT-OC	将桌面 Altium Designer 接入平台
31			Collaborative Designer for AutoCAD	UDA-OC	将桌面 AutoCAD 接入平台
32			Collaborative Designer for CATIA V5	UE5-OC	将桌面 CATIA V5 接入平台
33			Collaborative Designer for Creo Parametric	UDO-OC	将桌面 Creo 接入平台
34			Collaborative Designer for DraftSight	UDR-OC	将桌面 DraftSight 接入平台
35			Collaborative Designer for Inventor	UDI-OC	将桌面 Inventor 接入平台
36			Collaborative Designer for NX	UDN-OC	将桌面 NX 接入平台
37			Collaborative Designer for Solid Edge	UEG-OC	将桌面 Solid Edge 接入平台
38		协作	Collaborative Business Innovator	IFW-OC	基础协作
39			Collaborative Industry Innovator	CSV-OC	基本数据协同
40		采购及标准化	Standard Component Manager	EPA-OC	导入已有内外部零部件，形成企业自己的通用件库，以供团队重用
41			Preferred Component Consumer	EPU-OC	在设计时浏览、重用已有内外部零部件
42			Classification Intelligence Analyst	CLY-OC	通过人工智能对产品进行标准化分类
43			Standardization Intelligence Analyst	SDI-OC	自动识别重复零件，定义优选件
44	制造	加工	NC Shop Floor Programmer	NSR-OC	加工的入门角色，支持 2.5 轴及 3 轴铣削模拟
45			NC Prismatic Machine Programmer	NPM-OC	完整 2.5 轴机加工
46			NC Prismatic & Mill-Turn Machine Programmer	NTP-OC	2.5 轴及 3 轴车铣复合
47			NC Mold & Die Programmer	NMD-OC	2.5 轴及 3 轴模具加工（更好的曲面加工、完整的加工策略）
48			NC Milling Machine Programmer	NTX-OC	5 轴联动，完整的铣削方案，支持机器人加工
49			NC Mill-Turn Machine Programmer	NTA-OC	包含最完整功能的加工角色
50		工厂自动化	Robot Programmer	RBS-OC	机器人单元布置及编程，包括弧焊、涂胶、上下料等
51		工艺工程	Manufacturing Items Engineer	MFN-OC	网页端定义和管理 MBOM（制造物料清单）
52			Manufacturing Process Engineer	MGA-OC	网页端制造规划
53		协作运营	Lean Team Player	LTR-OC	帮助团队结合精益思想高效讨论的网页端工具
54	市场与营销	市场内容创建	3D Render	DPA-OC	图像渲染的网页端工具
55			Product Communicator	XPR-OC	图像渲染及产品展示的网页端工具